OUVRAGE ÉDITÉ AVEC LE CONCOURS DU
CENTRE NATIONAL DU LIVRE

Matthieu Raffard Mathilde Roussel

BOURRAGE PAPIER

Leçons politiques d'une imprimante

Préface d'Yves Citton

LES LIENS QUI LIBÈRENT

préface 7

introduction 13

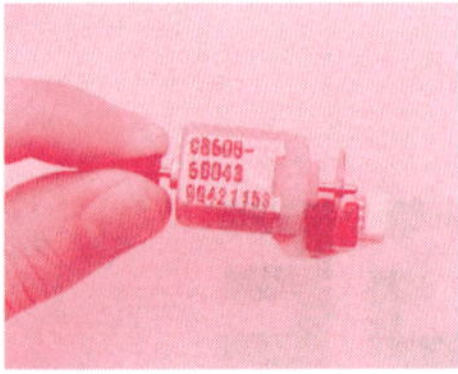

opération n° 1 :
lire dans les composants techniques d'une imprimante
33

opération n° 2 :
comprendre l'archéologie mécanique d'une imprimante
57

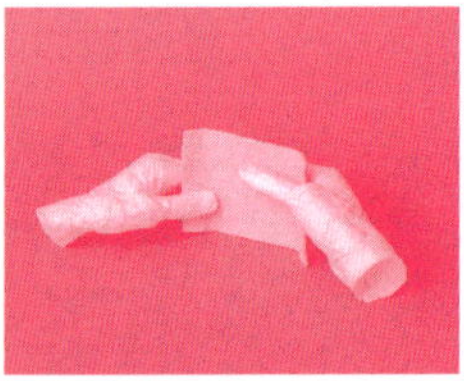

opération n° 3 :
identifier les gestes fossiles
79

opération n° 4 :
traverser notre violence
101

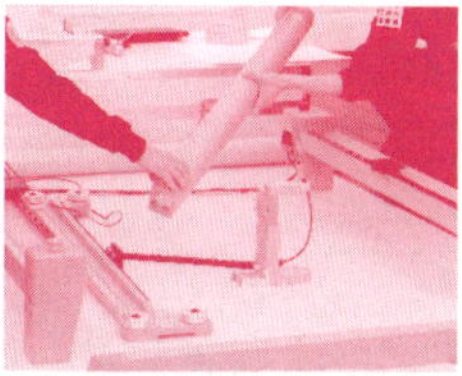

opération n° 5 :
construire sa propre
imprimante
125

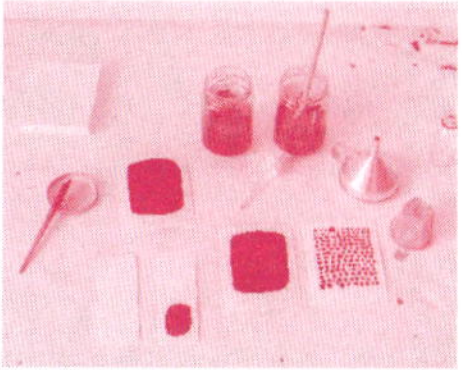

opération n° 6 :
établir un nuancier
de couleurs terrestres
151

opération n° 7 :
chanter l'émancipation
technologique
173

conclusion **197**

bibliographie **213**
remerciements **222**

préface

TOUJOURS PLUS QUE DEUX

Les objets techniques qui nous entourent et nous constituent sont de plus en plus nombreux, calculateurs, pénétrants, opaques. Ils paraissent nous comprendre d'autant mieux que nous les comprenons moins bien. C'est à ce constat que s'attaque la joyeuse série d'investigations rassemblées par ce livre autour de l'imprimante à jet d'encre. Que pouvons-nous en comprendre ? Comment pouvons-nous l'approcher ? Quelles implications tirer de son démontage techno-éthico-socio-politico-affectif ?

Avant de découvrir comment l'ouvrage que vous tenez entre les mains répond à ces questions — et réjouissez-vous, car ses réponses sont pleines de découvertes, de surprises et de sourires — demandons-nous quel est ce *nous* qui cherche ici à comprendre comment les objets techniques nous comprennent. La page de titre donne leur identité telle que la décline l'état civil : Matthieu Raffard et Mathilde Roussel sont deux artistes qui partagent depuis plusieurs années une vie collaborative de recherches-créations, mettant en œuvre les moyens de la photographie, du dessin, de l'installation, mais surtout de la construction d'objets et de situations. Il en est sorti des propositions aussi improbables qu'un four cosmique, des sandales de lin exposables et compostables, une boîte transparente invitant à tourner une manivelle pour générer des poèmes, ou encore des séances de pêche à l'aimant remontant des trottinettes électriques jetées dans la Seine[1].

Davantage que deux artistes, l'atelier Raffard-Roussel réunit donc un ensemble de pratiques et de réflexions communes menées sur le long cours à partir de prémisses stables, même si leurs domaines de déploiement sont imprévisibles. Leurs travaux se caractérisent d'abord par un *souci écologique* : toute recherche est d'abord matérielle, et faire de l'art ne dispense personne d'avoir à répondre des effets matériels de ses projets. Ainsi l'atelier Raffard-Roussel questionne nos dispositifs numériques en cherchant à contrôler toutes les étapes de sa propre production d'artefacts, généralement réalisés à partir de *low tech*. Non moins qu'une cause à embrasser (avec tendresse et bonne humeur), l'écologie apparaît comme une manière-de-faire les choses (et de ne-pas-faire certaines choses qui discréditeraient ce qu'on s'efforce de promouvoir).

1 Leur première thèse de doctorat intitulée *En flottement libre : enquête stackographique autour de la trottinette en free-floating* (2023) et accompagnée par Marion Laval-Jeantet est téléchargeable sur leur site : https://www.raffard-roussel.com/.

Ce souci écologique se double d'un *souci pédagogique*. L'atelier se conçoit indissociablement comme un lieu de production d'objets, de conception d'idées et de partage des savoirs et de pratiques. Une remarquable fluidité s'établit entre lire (ce qu'ont pensé les autres), essayer (de voir ce qu'on peut en faire), discuter (pour tenter de faire mieux), montrer (ce qu'on a pu comprendre à moitié), encourager (celles et ceux dont les questions nous aideront à rater mieux). La générosité du livre que vous tenez entre les mains témoigne à chaque page du tressage constant de toutes ces démarches: il invite à lire (ce qui aura nourri la recherche), à comprendre (par des présentations éminemment accessibles ce qui est souvent perçu comme impénétrable), à interroger (les questions parfois saugrenues que se posent les chercheureuses) et à multiplier les enquêtes (sur d'autres objets techniques de notre quotidien).

Le trait le plus précieux de cette pédagogie écologique est peut-être son *souci d'égalité*. Que l'atelier Raffard-Roussel montre son travail dans une exposition, qu'il se retrouve dans une position d'enseignant ou qu'il rédige un livre, personne n'est jamais mis en position de parler de haut à d'autres qui seraient en bas. C'est à chaque fois une expérience humble, joyeuse et conviviale de partage des incomplétudes qui est mise en place[2]. À l'opposé de certaines arrogances bien ancrées dans les mondes de l'art, de la pensée livresque et de l'enseignement universitaire, l'atelier réunit des *nous* sur un parti-pris de diversité, d'égalité et d'inclusion proprement exemplaires.

Car *Raffard-Roussel sont toujours plus que deux*[3]. Il y a dans l'atelier toutes celles et ceux dont on partage les citations (découvrant ainsi les plumes les plus inspirantes de la pensée contemporaine). Il y a dans l'atelier toute la panoplie d'artistes qui ont inspiré les démarches proposées (nous faisant visiter du coup les plus stimulantes galeries des dernières décennies). Il y a dans l'atelier toute une série de collaborateurices (qui ont pêché à l'aimant, joué au tarot, réparé des imprimantes, ou chanté l'aliénation technologique en polyphonie occitane). Surtout, il y a dans l'atelier toutes versions successives des interrogations que Raffard-Roussel se sont posées à propos des imprimantes, et qui se sont incessamment transformées et multipliées aux fils multiples de l'investigation.

2 Sur le partage des incomplétudes, voir Stefano Harney & Fred Moten, *All Incomplete. Alternatives au capitalisme logistique*, Les Liens qui Libèrent, 2025.

3 Voir Erin Manning, *Toujours plus que un. La danse de l'individuation* (Duke University Press, 2013), traduit de l'anglais (Canada) par Emma Bigé & Mathilde Papin, à paraitre.

Vous croyiez savoir ce qu'était une imprimante avant de lire ce livre. Vous pensiez pouvoir localiser la vôtre dans l'espace et dans le temps. Apprêtez-vous à découvrir des techniques commerciales retorses; des procédés pour faire son encre à partir de plantes de nos jardins; des battes de baseball frappant d'innocents objets techniques dans des *fury rooms*; un système d'attelage entre deux bœufs et un âne; des haruspices romains et des mains sculptées; des poux-du-ciel et des grille-pain fous...

Les enquêtes *diffractives* menées par l'atelier Raffard-Roussel peuvent donner une première impression de digression erratique, papillonnant autour de l'imprimante plutôt que restant strictement focalisées sur elle. Mais l'écologie ne consiste-t-elle pas justement à regarder ce qu'il y a *autour* (l'environnement) ? L'atelier prend ici les dimensions de la planète et de toute l'histoire humaine, pour réenvisager votre banale imprimante à partir de points de vue qui sont d'autant plus éclairants qu'ils sont plus distants. La démarche diffractive consiste à multiplier les perspectives pour nous montrer la multiplicité de mondes qui coexistent dans chaque objet comme dans chaque geste. Cette démarche est bien entendu esthétique (elle enrichit notre perception des choses). Elle est également épistémologique (elle nous montre qu'il y a bien des manières de connaître les mêmes choses) et profondément éthique (en nous aidant à respecter différentes façons de faire d'autres choses de ces choses).

Mais l'approche diffractive a surtout des vertus *politiques*. À l'heure où toutes les bonnes consciences s'inquiètent (non sans raison) de voir nos débats court-circuités par des polarisations antagonistes de plus en plus violentes et intolérantes, le multi-perspectivisme illustré par cette enquête diffractive sur l'imprimante est porteur d'une autre façon de concevoir et de pratiquer l'écologie politique. Ce livre démontre par l'exemple que les perspectives pertinentes sont elles aussi *toujours plus que deux*. Les débats sur les « nouvelles » technologies peinent à s'extraire des ornières du pour ou contre, technophiles contre technophobes. En construisant une imprimante ou en produisant de l'encre avec les moyens du bord, l'atelier Raffard-Roussel ne se laisse jamais emprisonner dans l'alternative binaire du pour ou contre. Payer pour casser des imprimantes à la masse dans une *fury room* les laisse sceptiques et mal à l'aise. Mais il serait terriblement réducteur de limiter le questionnement posé par un tel geste au seul choix de se déclarer pour ou contre. Il est tellement plus intéressant de réfléchir aux perspectives qu'il ouvre sur notre rapport à certains objets techniques !

C'est en vérité chacune et chacun de nous qui pouvons apprendre à être *toujours plus que deux* dans nos relations aux objets et aux êtres qui peuplent nos environnements. À la fois attirés et repoussés, nous restons souvent ballottés par une ambivalence qui devient paralysante, si elle reste prisonnière d'une polarité binaire (pour ou contre). L'investigation diffractive nous aide à envisager non seulement des « troisièmes voies », mais des quatrièmes et des cinquièmes perspectives. Leur premier effet relève sans doute de la désorientation, mais cela débouche vite sur des réorientations moins butées et plus prometteuses. Les pratiques de l'atelier Raffard-Roussel produisent des objets éminemment curieux (dont ce livre), où la curiosité des artistes mène un travail précis et rigoureux de curation à fort potentiel curatif face aux névroses et aux déprimes du capitalocène.

Cette curation diffractive peut avoir vertu curative parce qu'elle recentre ses dimensions discursives, visuelles, auditives, relationnelles et collaboratives autour d'un ancrage *haptique* (du verbe grec *haptô* qui désigne « le toucher »). Ce livre ne considère pas les imprimantes comme des objets à analyser depuis les hauteurs de savoirs disciplinaires dûment aseptisés : il les prend à bras le corps, tournevis en main. Durant la soutenance de la thèse universitaire qui a constitué une version préalable de cette recherche, l'un des membres de l'atelier démontait bruyamment une imprimante (tandis que l'autre dissertait savamment sur les méthodes et enjeux de l'analyse diffractive[4]). Si Raffard-Roussel sont *toujours plus que deux*, c'est que leurs gestes incluent toujours un soin réflexif envers ce qu'illes touchent et envers ce(lleux) qui les touche(nt). Leur travail vient infatigablement se ressourcer dans ce qui se touche, pour explorer les nuances de ce qui nous touche. À nous de nous laisser toucher par leur curiosité généreuse et souriante — pour apprendre ensemble à être *toujours un peu plus que nous*.

4 Une réflexion méthodologique sur les démarches mises en œuvre par l'atelier Raffard-Roussel vient de paraître sous le titre *À contre-emploi. Manuel expérimental pour réveiller notre curiosité technologique* (Premier Parallèle, 2025).

introduction

LE DEVENIR ILLISIBLE DU MONDE

Prenez un objet numérique autour de vous, n'importe lequel. Si vous parvenez à démonter cet appareil — ce qui n'est pas toujours possible — vous trouverez sans doute un circuit imprimé à l'intérieur de cet objet. Si vous regardez attentivement cet élément, vous remarquerez qu'il est constellé d'une multitude de petits composants électroniques difficilement identifiables. À moins d'être un·e bricoleur·euse chevronné·e ou un·e ingénieur·e érudit·e, il vous sera probablement assez difficile de déterminer si ce que vous voyez est une diode, une résistance ou un petit accumulateur.

Nous sommes entouré·es d'objets technologiques dans notre vie quotidienne. Pourtant, nous sommes nombreux·ses à ressentir une forme de gêne à leur égard. Quelque chose nous échappe. Nous sentons bien que si ces objets nous rendent de grands services dans la vie quotidienne, nous savons en réalité bien peu de choses sur la manière dont ils fonctionnent. C'est comme si ces objets ne nous étaient pas adressés. Ils sont là parmi nous, sans être véritablement avec nous.

Depuis plusieurs années, l'urgence de la situation écologique nous a obligé·es à questionner notre rapport au monde. Ce questionnement nous a permis de comprendre que l'usage que nous faisions des objets technologiques était la plupart du temps assez irresponsable. Les appareils connectés, comme d'autres formes de technologie, contribuent à l'extraction de terres rares, ils sont extrêmement énergivores, leur durée de vie est souvent très courte, sans compter qu'ils sont généralement très difficilement recyclables. Cette situation préoccupante nous oblige à nous interroger sur la manière dont nous souhaitons interagir avec ces étranges types d'objets.

Ce dont nous nous sommes récemment rendu compte, c'est qu'au-delà des enjeux d'extraction et de pollution que soulève l'usage des technologies numériques, ces objets sont également problématiques du point de vue de la relation que nous entretenons avec eux. Être en relation avec un objet technologique nécessite en réalité qu'un espace de communication soit ouvert entre nous et cette chose. Si les technologies numériques nous lisent davantage que nous ne pouvons les lire, nous sommes face à une relation déséquilibrée.

Dès lors, il nous semble intéressant de réfléchir à la manière dont nous pourrions nouer avec ces étranges entités des liens plus égalitaires.

LA PANNE

L'origine de nos réflexions autour de notre relation aux technologies remonte à un événement précis. C'était en février 2018, nous devions finaliser un document important quand, sans prévenir, notre imprimante Epson Stylus Pro 4900 a cessé de fonctionner. Sur l'écran LCD qui se trouve en façade de notre imprimante, un code d'erreur s'est affiché : *FatalError 0040*.

Nous branchons et débranchons, éteignons et redémarrons plusieurs fois notre imprimante. Nous cherchons des réponses sur des forums d'utilisateur·ices, nous regardons des vidéos explicatives pour tenter de comprendre comment la réparer rapidement. Nous tentons même d'ausculter ses entrailles dans l'espoir d'appréhender ce qui se passe. Tout cela ne sert à rien. L'écran de notre imprimante continue à afficher un code d'erreur.

Nous nous résignons à téléphoner au service technique d'Epson. Après quelques minutes de discussion avec un conseiller, nous comprenons que le problème vient probablement de la pompe à encre[1]. On nous informe que ce type d'incident ne peut être résolu par les utilisateur·ices elleux-mêmes. Dans ce contexte, on nous incite à contacter une entreprise sous-traitante pour qu'elle nous envoie un·e technicien·ne capable de résoudre ce genre de panne.

Quelques semaines plus tard, un technicien spécialisé vient voir notre imprimante. Il s'agit d'un homme d'une trentaine d'années qui porte des vêtements de travail noir et rouge avec le logotype de son entreprise brodé sur la poitrine. À notre grande surprise, il ne tente pas véritablement de comprendre l'origine de la panne de notre imprimante. Il n'essaie même pas de la démonter, ni même de tester son fonctionnement. On lui a transmis un ordre de mission, il sait ce qu'il a à faire.

1 La pompe à encre joue un rôle essentiel de nettoyage de l'imprimante à jet d'encre par l'aspiration de l'encre et sa recirculation dans le système d'impression. Toutes les pompes à encre d'imprimante à jet d'encre ne sont pas changeables.

➔ Pompe à encre défectueuse de notre imprimante Epson Stylus Pro 4900.

LA PROCÉDURE DE RÉPARATION

Nous avons observé du coin de l'œil chacune des différentes étapes de cette procédure de réparation de notre imprimante à jet d'encre.

Le technicien extrait tout d'abord les quelques vis qui attachent la pompe à encre à la structure métallique de l'imprimante. Il retire ensuite minutieusement chacun des tuyaux flexibles qui relient cette pièce aux différents circuits de circulation des fluides. Puis il ôte les quelques connexions électriques qui permettent d'alimenter le petit moteur présent à l'intérieur de cette pièce. Une fois ces gestes préparatoires accomplis, le technicien désencastre délicatement la pompe à encre des entrailles de notre imprimante, un peu comme pourrait le faire un·e chirurgien·ne face à un organe endommagé.

Il sort ensuite d'un emballage en carton une nouvelle pompe à encre protégée par d'épaisses couches de polystyrène, et l'installe à la place de celle qu'il vient de retirer. Il replace ensuite correctement les vis, les tuyaux et les câbles électriques et il met en marche l'imprimante. Pendant une trentaine de minutes, notre Epson Stylus Pro 4900 émet un certain nombre de bruits bizarres le temps que l'encre se remette à circuler normalement à l'intérieur des différents circuits. Au bout de quelques minutes, le technicien réalise un test d'impression satisfaisant. Tout semble fonctionner à nouveau correctement et le message d'erreur disparaît de notre écran LCD.

Cette méthode de réparation nous a surpris·es. Nous avons eu la désagréable impression d'être pris·es au piège d'une procédure de maintenance élaborée en amont de l'achat de notre imprimante. Pourquoi le technicien qui nous avait été envoyé avait-il apporté si peu d'attention au fonctionnement global de notre machine ? La panne de notre pompe à encre s'inscrit-elle dans une programme d'obsolescence programmée dont Epson a calculé avec précision les coûts et les bénéfices ?

NAISSANCE DE L'IMPRIMANTE

Le terme *imprimante* a été d'abord utilisé au début du xxe siècle pour définir le système d'impression inclus dans les premières tabulatrices. À l'origine, ce dispositif technique permettait de sauvegarder l'écriture d'un programme ou de matérialiser le résultat d'un calcul réalisé à partir de cartes perforées. Ces premiers types de machines ont ouvert la voie aux premières formes d'imprimantes modernes.

Au tournant des années 1970, avec l'apparition de l'ordinateur personnel, se développe un nouveau type de périphérique d'impression: les imprimantes matricielles. Il s'agit de machines fonctionnant avec une série de petites aiguilles à têtes rondes qui viennent frapper un ruban encreur similaire à celui que l'on trouve sur les machines à écrire. Ces imprimantes dites « à impact » tamponnent le papier à l'aide d'une matrice de quelques millimètres carrés qui peut être reconfigurée à chaque instant.

Les imprimantes matricielles[2] présentent l'inconvénient d'être extrêmement bruyantes et relativement lourdes. Par ailleurs, l'entrainement du papier se fait à l'aide de deux roues crantées situées sur les bords de la zone d'impression. Cette contrainte nécessite l'utilisation de rames de papier spécifique ayant sur les bords une série de trous carrés. Pour remédier à ces inconvénients, les industriel·les se mettent à chercher des solutions alternatives. Deux technologies différentes d'imprimantes de bureau sont alors développées en parallèle: l'imprimante *laser* et l'imprimante *à jet d'encre*[3].

L'imprimante laser[4] utilise la technique de l'électrophotographie. Cette technologie, similaire à celle que l'on trouve dans les photocopieurs, permet de transférer électroniquement une image numérique sur un tambour d'impression. C'est ce tambour qui, en exerçant une pression sur le papier, dépose par contact les pigments de l'image à reproduire. Le premier prototype d'imprimante laser a été mis au point à la suite de la modification d'une photocopieuse en 1971 par Gary Starkweather, un chercheur du Xerox Palo Alto Research Center. Il faut ensuite attendre 1976 pour qu'IBM transforme cette invention en un objet commercialisable avec l'imprimante 380021.

2 La première imprimante matricielle a été mise en service en 1953 par la société étasunienne Remington Rand, fabricant de machines à écrire.

3 Ces deux systèmes techniques sont ceux qui persistent aujourd'hui et se font concurrence sur le marché mondial.

4 L'usage de ce terme vient du fait que l'image est produite à travers le balayage d'un faisceau laser à travers le tambour interne de l'imprimante.

L'imprimante à jet d'encre quant à elle fonctionne très différemment. Ce dispositif n'a pas recours à une matrice d'impression, il utilise un procédé sans contact par lequel des micro-gouttes d'encre sont projetées par des buses. En augmentant la pression à l'intérieur du réservoir d'encre, le pigment est pulvérisé sur le papier à travers des micro-orifices. C'est en 1968 que la société A. B. Dick met au point la première version de ce système, la Videojet. Ainsi, on considère généralement la Videojet 9600 comme la première imprimante à jet d'encre capable d'imprimer des images précises et des caractères romains. Par la suite, en 1976, ce système sera commercialisé à plus grande échelle par la société IBM avec l'imprimante à jet d'encre IBM 464023.

LE TROUBLE

Dans les semaines qui ont suivi l'épisode de panne de notre imprimante, nous avons commencé à la considérer un peu autrement. Nous voulions dépasser les idées stéréotypées que nous avions à l'égard de ce type de machine.

Au début, nous avons envisagé d'enquêter sur l'histoire des imprimantes, puis nous avons imaginé documenter de manière systématique la chaîne de montage des usines qui les fabriquent, enfin nous avons également pensé qu'il pourrait intéressant de comprendre comment fonctionne la filière de recyclage des cartouches d'encre.

Toutes ces pistes étaient pertinentes en soi. Chacune d'entre elles aurait pu faire un très bon sujet de recherche. Mais d'une certaine manière, ces axes d'investigation ne nous semblaient pas véritablement apporter de réponse à la confusion que nous avions ressentie face à la panne subite de notre imprimante.

Progressivement, nous avons compris que ce que nous voulions faire en réalité, c'était *rencontrer* cet objet technologique. Nous voulions le connaître dans toutes les dimensions de sa matérialité. Ce qui nous semblait passionnant, c'était de décrire la constellation des matériaux, des usages, des technologies et des relations sociales qui se cristallisent autour de cet objet. La panne de notre imprimante avait créé un trouble. Ce trouble, nous avions eu envie de le dissiper en plongeant notre regard à l'intérieur des entrailles tortueuses — ou plutôt *filandreuses* — de cet appareil numérique.

HYPEROBJET

La crise environnementale que nous traversons nous oblige à renouveler les outils épistémologiques que nous mobilisons habituellement pour comprendre les choses et les événements qui nous entourent. Dans ce contexte, la notion d'« hyperobjet[5] » peut s'avérer fort utile.

5 Timothy Morton, *Hyperobjets. Philosophie et écologie après la fin du monde*, [2013], trad. Laurent Bury, Paris, Éditions Cité du design et it: éditions, 2018.

Les déchets radioactifs, les technologies numériques ou bien encore la tectonique des plaques sont chacun à leur manière des objets qui habitent des temporalités et des spatialités qui excèdent amplement ce que notre cerveau d'humain peut naturellement conceptualiser. Nos organes de perception ainsi que nos cadres épistémologiques ne sont pas adaptés à la dimensionnalité de ce type de phénomène. Le philosophe Timothy Morton utilise le terme hyperobjet pour décrire ces entités qui évoluent dans une hyperdimensionnalité qui dépasse notre entendement.

↑ Timothy Morton, dessin d'après un portrait photographique.

Ce concept peut nous aider à penser autrement un grand nombre de questions contemporaines. Il peut aussi être particulièrement efficace pour penser autrement les questions liées aux objets technologiques. De manière synthétique, on peut dire qu'un hyperobjet se caractérise par un certain nombre de spécificités : il est à la fois *visqueux*, *spectral* et *relationnel*.

Les hyperobjets sont *visqueux* parce qu'ils ne se laissent pas facilement enfermer dans une boîte. Un déchet radioactif est pratiquement impossible à circonscrire dans l'espace et dans le temps, sa matérialité passe son temps à contaminer ce qui l'entoure. C'est pourquoi il est impossible de supprimer ce genre d'objet complètement, on ne peut qu'apprendre à vivre avec eux et s'adapter à la manière dont ils nous collent à la peau.

Les hyperobjets sont *spectraux* parce qu'il est difficile d'en avoir une vision claire et précise. Autrement dit, ce sont des choses dont on ne rencontre qu'une partie de la réalité. Si l'on prend par exemple une technologie numérique, on interagit généralement avec une interface, mais on ignore la plupart du temps les câbles, les serveurs et les satellites qui permettent de faire fonctionner cette technologie. En somme, nous n'avons accès qu'à une version diminuée et fantomatique de sa matérialité. En ce sens, on peut dire que les technologies numériques hantent l'espace que nous habitons, elles nous traversent parfois sans même que nous puissions nous en rendre compte.

Enfin, les hyperobjets sont *relationnels* parce que l'on ne peut connaître ce type d'entité que sous le mode de la rencontre. Par exemple, il est impossible de connaître de manière totalisante le comportement de la croûte terrestre. On peut l'enregistrer, le constater et parfois légèrement l'anticiper, mais rapidement ce phénomène nous échappe. La tectonique des plaques est donc quelque chose avec laquelle nous vivons, mais sur laquelle nous n'avons aucune prise. En revanche, lorsque nous sommes au cœur d'un séisme, notre corps peut entrer en résonance avec les vibrations du sol et, en ce sens, rencontrer intimement ce phénomène. Morton nous dit que nous ne pouvons rencontrer les hyperobjets que lorsque leur présence hyperdimentionelle entre « en phase[6] » avec la dimensionnalité modeste de notre existence. Lorsque cela se produit, nous sentons leur présence, nous sommes habité·es par leur matérialité, sans pour autant pouvoir complètement interagir avec eux.

6 *Ibid.*, p. 84-96.

Dans son livre *New Dark Age*[7], l'artiste James Bridle explore les représentations que nous utilisons pour essayer de comprendre les phénomènes et les objets avec lesquels nous sommes désormais amené·es à vivre. Selon lui — et en cela il rejoint la pensée de Morton — nous sommes très loin d'imaginer la dimensionnalité, la complexité et la matérialité des technologies que nous utilisons quotidiennement. Pour le dire autrement, nous manquons de modes de représentation pour nous figurer la réalité des hyperobjets technologiques. Ce manque d'images, de schémas explicatifs ou de métaphores éclairantes nous maintient dans une nouvelle forme d'ignorance. Une sorte d'obscurantisme qui nous empêche de nous positionner politiquement face aux enjeux que soulève, entre autres, la prolifération des technologies numériques.

7 James Bridle, *New Dark Age: Technology and the End of the Future*, Londres, Verso Books, 2018.

L'IMPRIMANTE COMME OBJET DE CONNAISSANCE

Généralement lorsque l'on évoque les imprimantes au détour d'une conversation, tout le monde voit à peu près de quoi il s'agit. Chacun·e d'entre nous possède une sorte d'image mentale lui permettant de se représenter ce type de machine et nous pouvons dire qu'aujourd'hui, l'imprimante est un objet qui nous est familier. Nous savons gérer un bourrage papier, remplacer une cartouche d'encre, et nous débrouiller avec la multitude de cases à cocher dans les pilotes d'impression. L'imprimante fait partie des machines qui, comme le grille-pain, le sèche-cheveux ou le smartphone, nous accompagnent dans notre quotidien.

La plupart des travaux rédigés par les universitaires ont été écrits à l'aide d'une imprimante de bureau. Cet outil numérique fait partie de l'équipement informatique minimum que possèdent les chercheur·euses. Pourtant, il n'existe presque pas de textes, d'articles ou de thèses qui s'intéressent en profondeur à cet objet.

Dans ce livre, nous faisons le pari que cela vaut la peine d'enquêter sur les imprimantes. Nous faisons l'hypothèse que ces objets sont des terres inexplorées qu'il est important de cartographier. Pour défendre cette idée, nous proposons de considérer ces machines numériques non pas simplement comme des objets de consommation un peu banals, mais comme des hyperobjets tentaculaires aux multiples ramifications.

Dès lors que l'on commence à considérer les imprimantes comme des hyperobjets, on voit apparaître leur dimension visqueuse et spectrale, et l'on peut voir se dessiner les contours de l'espace relationnel dans lequel elle se déploie. L'objectif central de ce livre est de montrer que cet objet de notre quotidien ne cesse de déborder de la place que l'on pense lui avoir assignée. En ce sens, le projet de ce livre est de démontrer que les imprimantes qui nous entourent sont des objets dignes d'intérêt, et qu'elles ont quelque chose à nous apprendre sur le monde dans lequel nous vivons.

FAIRE CONNAISSANCE AVEC UN OBJET NUMÉRIQUE

Dans un texte publié en 2002[8], la philosophe Vinciane Despret nous invite à penser autrement notre rapport à la connaissance. En s'appuyant sur une relecture de l'approche pragmatique développée par le philosophe William James, elle nous explique que *connaître*, ce n'est pas explorer ce que les choses nous *font*, c'est plutôt tenter de comprendre ce que les choses nous *font faire*. Despret nous dit :

8 Vinciane Despret, *Quand le loup habitera avec l'agneau*, Paris, Seuil, collection Les Empêcheurs de penser en rond, 2002.

Connaître, ce n'est pas traduire comment nos idées sont pensées, mais comment elles nous font penser. Connaître, c'est explorer un régime d'autorisations et de « rendre capable[9] ».

9 *Ibid.*, p. 146.

Pour Despret, l'acte de connaissance est un acte qui nous engage. Connaître, ce n'est pas simplement accumuler des preuves, des données et des certitudes, c'est aussi se risquer à emprunter des dispositifs de construction des savoirs qui nous sont étrangers. Connaître c'est accepter de se laisser déplacer à l'extérieur des habitudes de pensée.

La plupart du temps, les objets technologiques se laissent connaître à travers un prisme de lecture plutôt scientifique. En effet, c'est généralement à travers les instruments, les argumentaires et les notions des ingénieur·es et des scientifiques que nous faisons connaissance avec ce type d'objet. Sans vouloir disqualifier la validité de ces savoirs, dans ce projet d'enquête, nous voulons expérimenter d'autres cadres de réflexion que ceux qui nous sont habituellement proposés. Pour cela, nous avons dû cesser de nous excuser de ne pas savoir programmer une application, réparer un robot ou bien encore expliquer le fonctionnement d'un algorithme.

↑ Vinciane Despret, dessin d'après un portrait photographique.

Nous nous sommes positionné·es en tant que non-expert·es. Et nous nous sommes donné l'autorisation de construire un réseau de connaissances depuis notre position, notre méthode et notre imaginaire d'artistes plasticien·nes. Cette autorisation a été un acte fondateur, elle a fait de nous des chercheur·euses en roue libre, des bricoleur·euses émancipé·es des attendus scientifiques, des artistes enquêteur·euses curieux·ses et audacieux·ses.

ENTRER EN CONTACT AVEC UNE IMPRIMANTE

Au cours des derniers siècles, la science européenne s'est très largement appuyée sur des instruments optiques pour faire connaissance avec le monde qui l'entoure.

C'est ce que le philosophe Roberto Barbanti nomme « la dimension rétinienne[10] » de l'épistémologie occidentale. Il nous dit que cette prépondérance de la vue par rapport aux autres sens n'est pas sans conséquence. À la suite de Bruno Latour et de Donna Haraway, il nous rappelle que

10 Roberto Barbanti, *Les Sonorités du monde. De l'écologie sonore à l'écosophie sonore*, Paris, Les Presses du réel, 2023, p. 9.

les médiations que nous utilisons pour entrer en contact avec la réalité façonnent le type de connaissance que nous produisons.

> Détachement et éloignement, silence et immobilité, non-implication émotive et physique, attention sélective et abstraction du contexte sont les éléments qui caractérisent le spectateur et l'approche méthodologique de la science depuis ses origines grecques[11].

11 *Ibid.*, p. 9.

Le microscope, le télescope, le spectromètre ou encore l'oscilloscope sont tous des instruments qui ont permis de construire une représentation visuelle des phénomènes qui nous étaient inaccessibles. Ne serait-il pas temps de développer des instruments et des modes de description qui nous permettent de ressentir la texture d'une bactérie ou le velouté d'une membrane cytoplasmique ?

Plusieurs textes issus du féminisme matérialiste ont déconstruit avec force l'illusion d'objectivité que produisent les savoirs obtenus à travers les dispositifs optiques. En opposition à ce type d'épistémologie, certaines féministes ont commencé à ré-évaluer l'importance du toucher en imaginant un rapport haptique à la connaissance[12].

12 Certaines d'entre elles défendent une relation incorporée et située aux choses comme plus à même de produire une forme d'objectivité que Sandra Harding appelle l'« objectivité forte ». Sandra Harding, *The Science Question in Feminism*, Ithaca, Cornell University Press, 1982. Voir l'article de Maria Puig de la Bellacasa, « Touching Technologies, Touching Visions. The Reclaiming of Sensorial Experience and the Politics of Speculative Thinking », *Subjectivity*, n° 28, 2009.

Le concept d'haptique vient du grec *haptomai* qui signifie *je touche*. Généralement, on parle d'haptique pour désigner l'étude du sens du toucher. Il est également intéressant d'entrevoir la notion d'haptique en considérant cette discipline comme l'étude de ce qui nous touche. Dans cette compréhension élargie de la notion, on peut dire que l'haptique se caractérise par l'étude de deux versants d'un même phénomène : d'un côté le *tact*, c'est-à-dire la manière dont nous entrons en contact avec la réalité ; et de l'autre l'*affect*, autrement dit la façon avec laquelle la réalité vient nous rencontrer dans ce que nous avons de plus intime[13].

13 Frans Veldman, *Haptonomie. Science de l'affectivité*, Paris, [1989], Presses universitaires de France, 2007, p. 45.

Dans cette perspective, si l'on veut faire connaissance avec une imprimante, on ne peut pas se contenter de la regarder. Il faut la manipuler, la démonter et mettre ses mains à l'intérieur de son mécanisme. Il faut accepter de se tacher les doigts avec l'encre des têtes d'impression. En touchant une imprimante, nous pouvons nous engager dans une forme d'attention profonde[14] à la matérialité de cet objet.

14 Voir le livre d'Yves Citton, *Pour une écologie de l'attention*, Paris, Seuil, collection La couleur des idées, 2014.

Nous pouvons également nous rendre sensibles à la manière dont il affecte notre propre corporalité. Toucher une technologie, c'est aussi se laisser toucher par elle.

UN ÉLÉPHANT DANS LA PIÈCE

Dans la culture indienne, une fable raconte l'histoire de six personnes non voyantes qui essaient de comprendre ce qu'est un éléphant. Dans cette histoire, chacun·e des aveugles ne touche qu'une seule des parties de l'éléphant, et de ce fait, iels sont amené·es à avoir des représentations très divergentes de cet animal. Ainsi, cellui qui touche la trompe pense que c'est un serpent, de son côté cellui qui touche la défense pense que c'est une lance, tandis que cellui qui touche la queue pense, pour sa part, qu'il s'agit d'un morceau de ficelle. À la suite de cette expérience, les personnes non voyantes se disputent pour savoir qui a raison, et il faudra attendre l'intervention d'un sage pour que toustes comprennent qu'iels ne disposent que d'une connaissance parcellaire de ce qu'est en réalité un éléphant.

↑ Donna Haraway, dessin à partir d'une image extraite du documentaire de Fabrizio Terranova, *Donna Haraway: Story Telling for Earthly Survival*, 2016.

On peut considérer que dans cette fable, l'éléphant est en quelque sorte un hyperobjet pour les aveugles qui le touchent. Chaque expérience haptique permet d'entrer en contact avec une des dimensions de la matérialité de cet animal. La connaissance construite selon cette méthode produit un ensemble d'observations contradictoires, une vision diffractée de la réalité.

Dans son travail, la chercheuse Donna Haraway utilise la notion de « diffraction » pour remettre en question les approches « réflexives » qui ont été développées par les Modernes dans le but d'atteindre une certaine forme d'objectivité[15]. Haraway critique cette approche épistémologique qui, selon elle, favorise une vision unilatérale et détachée de la complexité du monde.

Contrairement au réflexif qui garantit une forme de clarté et de pureté des objets à travers l'usage rigoureux d'un « savoir expert », le diffractif, lui, « fait advenir des motifs variables, mais plus adéquats à la diversité du monde[16] ». Autrement dit, le diffractif produit un type de connaissance qui s'appuie sur une multiplicité d'expériences, de savoirs et de rapports au monde plutôt que sur l'érudition d'une poignée de spécialistes.

15 Donna Haraway, « Le témoin modeste » dans *Manifeste Cyborg et autres essais*, trad. Delphine Gardey, Paris, Exils, 2007, p. 311.

16 *Ibid.*, p. 311.

← Démontage d'une imprimante à jet d'encre HP Deskjet 1510.

On peut dire que les approches diffractives de la connaissance sont des pratiques de l'engagement — je ne peux connaître mon objet de recherche que si j'accepte de participer à son réseau d'agentivité — ; une pratique de la responsabilité — je ne peux connaître mon objet de recherche que si j'accepte que ma présence aille modifier sa réalité — ; et enfin une pratique de la modestie — je ne peux connaître mon objet de recherche que si j'accepte que ma vision du monde soit toujours parcellaire, contradictoire et même parfois fictionnelle.

ENQUÊTE HAPTO-DIFFRACTIVE

Ces réflexions nous ont conduit·es à dessiner les contours d'une méthode d'investigation, de recherche et de création qui s'appuie à la fois sur des gestes haptiques et sur une compréhension diffractive de la réalité. C'est ce que nous avons appelé l'*enquête hapto-diffractive*. Ce mode d'investigation repose sur cinq principes fondamentaux que nous décrivons ici.

1- *Observer les réseaux d'agentivité*. L'enquête hapto-diffractive s'appuie sur les recherches d'Alfred Gell qui définit le réseau d'agentivité comme un « nexus de relations[17] » d'où peuvent émerger certains phénomènes observables. Ces phénomènes ne sont pas des représentations de ce tissu relationnel ; ce ne sont pas non plus des symboles de cet espace de lien ; ce sont plutôt des « indices » qui témoignent par leur présence d'une zone d'intense activité relationnelle.

17 Alfred Gell, *L'Art et ses agents, une théorie anthropologique,* [1998], trad. Olivier Renaut et Sophie Renaut, Paris, Les Presses du réel, collection Fabula, 2009.

18 Jeanne Favret-Saada, « Être affecté », *Gradhiva* n° 8, 1990, p. 3-9.

2- *Instaurer une réciprocité sensible*. En accord avec les réflexions de Jeanne Favret-Saada[18], l'enquête hapto-diffractive suppose un rapport de vulnérabilité partagée entre læ chercheur·euse et son objet d'étude. La connaissance naît d'un engagement réciproque : on cherche à toucher l'objet, mais aussi à ressentir comment celui-ci agit à travers nous.

↑ Jeanne Favret-Saada, dessin d'après un portrait photographique.

3- *Entremeler les disciplines*. L'enquête hapto-diffractive est un mode d'exploration théorique et pratique qui a recours à de nombreuses disciplines. Ce mode d'investigation est transdisciplinaire dans la mesure où il fait appel à une multiplicité de points de vue pour cerner un même objet d'étude.

Dans ce contexte, les objets technologiques peuvent être étudiés en convoquant aussi bien l'histoire de l'art, la littérature, les sciences sociales et l'histoire des techniques.

4- *Spéculer*. L'enquête hapto-diffractive est également un mode de spéculation, c'est-à-dire une manière d'imaginer, par le toucher et par la multiplication des points de vue, d'autres futurs possibles. Ces futurs potentiels sont déjà présents autour de nous et l'un des objectifs de l'enquête hapto-diffractive est de faire saillir ces fragments d'utopie dissimulés dans la maille de la relation que nous entretenons avec certains objets techniques.

5- *Restituer de façon polyphonique*. Enfin, l'enquête hapto-diffractive est un mode de restitution des savoirs qui cherche à donner en partage de manière horizontale les résultats de la recherche. Que cela soit à travers un texte ou bien à travers une exposition, l'enquête hapto-diffractive a pour objectif de toucher son interlocuteur·ice par une restitution polyphonique des différents fragments de connaissance qui ont été glanés au cours de la phase de recherche.

En plus de faire connaissance avec un objet technologique problématique, un des objectifs secondaires de cette investigation autour des imprimantes est de vérifier — à mesure que nous avançons dans notre enquête hapto-diffractive — la solidité de cette méthodologie.

SERPENTER, ÉTOILER, CARTOGRAPHIER

Ce livre se déploie à travers sept parties. Chacune de ces parties correspond à une des opérations de recherche réalisée durant notre enquête. Cette démarche, nous pensons qu'elle s'inscrit dans la continuité des modes d'écriture imaginés par les activistes queers et féministes. Dans ces mouvements militants, de nombreux·ses théoricien·nes et artistes ont choisi d'abandonner certaines formes académiques de hiérarchisation du texte au profit de formes plus fragmentées[19]. En faisant ce choix, ces auteur·ices ont mis en place une écriture constellée et inclusive qui restitue la pensée sous la forme d'un enchevêtrement d'histoires, de gestes, de rencontres et de spéculations.

19 Ainsi, dans *Les Guérillères*, Monique Wittig tente de redéfinir les rapports de genre en déconstruisant un certain type d'organisation littéraire. De même, dans *Les Argonautes*, Maggie Nelson enchevêtre des anecdotes personnelles avec une exploration théorique des questions de genre, de sexualité et de langage. Voir Monique Wittig, *Les Guérillères*, Paris, Les Éditions de Minuit, 1969. Maggie Nelson, *Les Argonautes*, [2015], trad. Jean-Michel Théroux, Paris, Éditions du Sous-sol, 2018.

Dans la continuité de ces écrits féministes expérimentaux, nous voudrions proposer une écriture faite d'une multiplicité de petites touches. Cette écriture « serpentine[20] », pour reprendre ici une expression imaginée par l'anthropologue Michael Taussig, nous permet de mobiliser une multiplicité d'épistémologies et d'approches. Plutôt que de favoriser de grandes plongées théoriques dans l'épaisseur sémiotique d'un sujet extrêmement ciblé, nous préférons tisser un maillage complexe dans lequel s'entremêlent des hypothèses de recherches, des pratiques artistiques et des problématiques de travail venant d'horizons très divers.

20 Michael Taussig, *Palma Africana*, [2018], trad. Marc Saint-Upéry, Paris, B42, 2021.

En somme, ce qui compte pour nous c'est de réussir à cartographier le vaste espace conceptuel et pratique qui gravite autour des objets qui nous intéressent.

Chacune des entrées qui composent ce livre a été rédigée de manière à pouvoir être utilisée comme des outils de recherche et de création activables dans différents types de contextes ou disciplines. Si ces entrées peuvent être lues de manière indépendante, elles ont aussi été articulées de façon à ce que les textes s'enchaînent logiquement. Certaines lecteurices auront envie de lire ce texte hybride de manière linéaire, d'autres souhaiteront peut-être opter pour un mode de lecture plus aléatoire. Selon nous, ces deux méthodes ont toutes les deux leurs propres avantages.

MODE D'ÉCRITURE MULTIGENRE

Ce texte est entièrement rédigé selon une pratique d'écriture inclusive non binaire. En adoptant un mode d'écriture qui enchevêtre le féminin et le masculin, nous avons voulu dépasser l'usage du point médian que nous avions utilisé jusqu'à présent. En nous appuyant sur les pratiques de typographie post-binaires expérimentées par la collective Bye Bye Binary[21] nous avons tenté de rendre la lecture de notre texte aussi fluide et graphiquement lisible que possible. Pour cela nous avons utilisé la typographie Amiamie dessinée par les graphistes Mirat-Masson. Ainsi, dans ce mode d'écriture toutes et tous deviennent toustes, elle et il deviennent iel, ingénieur·e devient ingénieure, chercheur·euse devient chercheureuse, attentif·ve devient attentifve.

21 Voir le livre de Camille Circlude, *La Typographie post-binaire. Au-delà de l'écriture inclusive*, Paris, B42, 2023.

Dans le cadre de ce travail autour d'un objet technologique, nos interlocuteur·ices (du côté de la conception et de la fabrication d'une imprimante) ont souvent été des hommes. Le monde des technologies manque aujourd'hui plus que jamais de figures féminines, ainsi que de figures queers, trans, racisées ou handies, et il nous semble que l'usage d'une écriture post-binaire dans le cadre de ce type de recherche est indispensable pour contribuer ne serait-ce que très modestement à un changement de mentalité.

Nous avons conscience que ce choix peut ralentir la lecture de certain·es lecteur·ices qui ne seraient pas habitué·es à ce type de convention d'écriture. Toutefois, nous espérons que vous ne vous sentirez pas exclu·es de ce texte et que vous parviendrez à vous habituer, après quelques paragraphes, à ce type de mise en forme.

opération n° 1 : lire dans les composants techniques d’une imprimante

Après avoir collecté des imprimantes abandonnées sur les trottoirs parisiens, nous avons commencé à les démonter. En fouillant à l'intérieur de ces objets et en manipulant chacun de leurs composants, nous avons trouvé une multitude d'inscriptions énigmatiques qui ne nous semblaient pas directement adressées. À partir de ces traces textuelles, nous avons imaginé un protocole d'interprétation qui passe par un geste de divination.

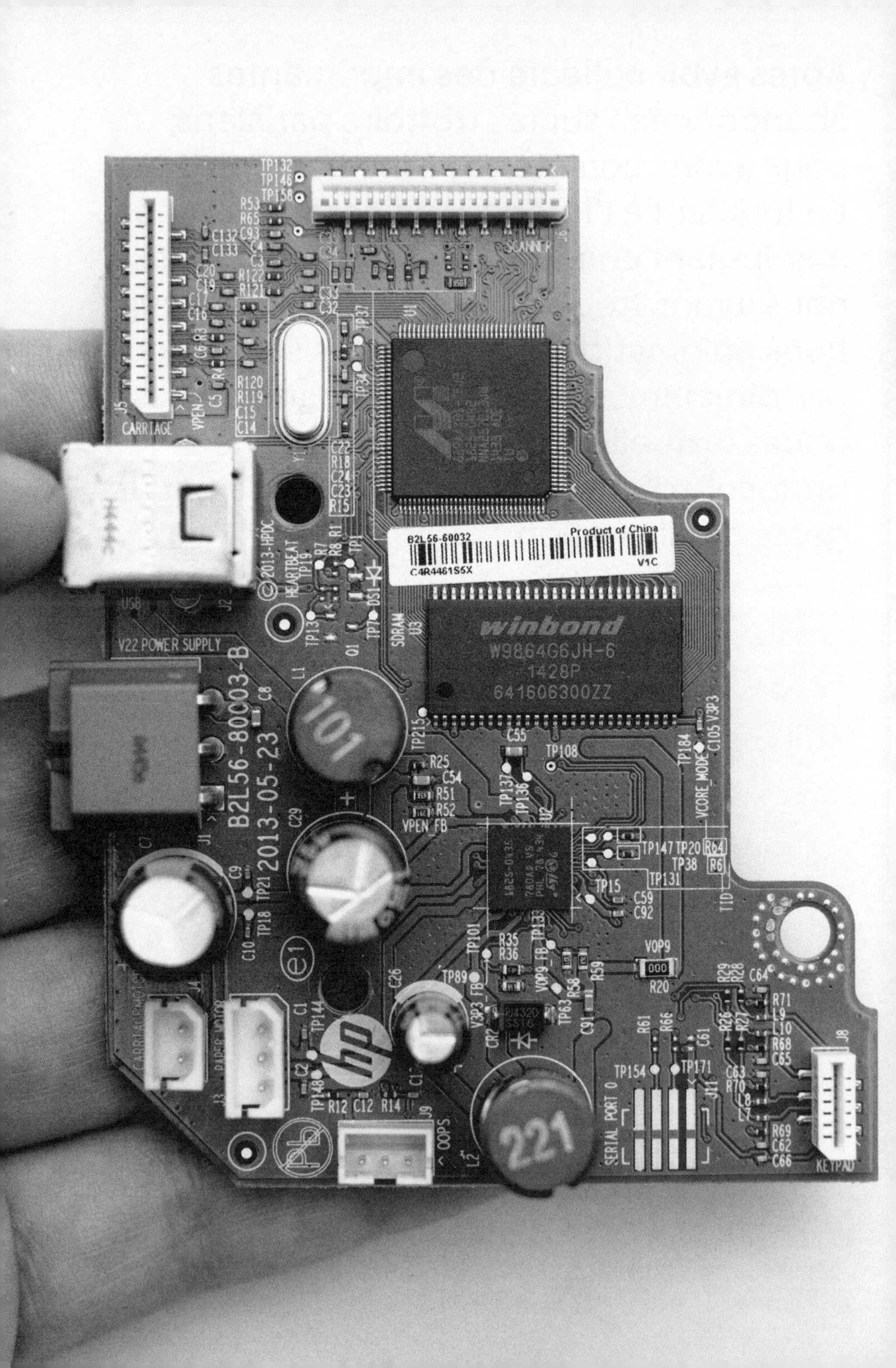
B2L56-60032
Product of China
C4R4461S5X
V1C
winbond
W9864G6JH-6
1428P
641606300ZZ
B2L56-80003-B
2013-05-23
V22 POWER SUPPLY
CARRIAGE
SCANNER
SDRAM
HEARTBEAT
VCORE_MODE
VPEN_FB
SERIAL PORT 0
KEYPAD
OOPS
101
221

BOURRAGE PAPIER

Nous sommes nombreux·ses à avoir été interrompu·es — lors de l'impression d'un document important — par un épisode souvent très désagréable de bourrage papier: c'est une expérience terriblement ordinaire. Selon le contexte et l'urgence de la situation, ce genre de bug peut générer de la frustration, du dépit, voire de la colère. Il faut garder son sang-froid, prendre une grande inspiration et mettre le nez à l'intérieur de son imprimante pour désencastrer la feuille qui s'est malencontreusement coincée.

Ce dysfonctionnement, a priori anodin, interrompt la fluidité de nos activités numériques. Notre imprimante ne répond plus à « l'impératif fonctionnel[22] » pour lequel elle a été conçue. Pour le chercheur Marcello Vitali-Rosati, le bug et la panne ne sont pas forcément des événements négatifs. Nous pouvons profiter de ces moments de confusion machiniques pour prendre un peu de recul sur notre usage des objets technologiques et commencer à questionner le fonctionnement des appareils qui nous entourent.

22 Marcello Vitali-Rosati, *Éloge du bug. Être libre à l'époque du numérique*, Paris, Zones, 2024.

Selon lui, le bug peut s'avérer une première étape pour apprendre à se détacher de certaines des injonctions d'usage qui sont incorporées dans nos machines. Ce moment de suspension opérationnel peut nous permettre d'entrer en contact avec ce que les objets technologiques ont de plus littéral: leur matérialité, leur vulnérabilité voire leur textualité cachée…

MACHINE À LIRE

La prochaine fois que vous ferez face à un bourrage papier, vous pourrez profiter de cet incident pour regarder à l'aide d'une petite lampe électrique ce qui se passe sous le capot de votre machine. En ouvrant bien les yeux, vous apercevrez peut-être une myriade de petites inscriptions alphanumériques.

En réalité, il y a du texte absolument partout à l'intérieur comme à l'extérieur des imprimantes. Mis à part un ou deux ressorts et quelques morceaux de mousse, chaque pièce qui compose ce genre de machine a quelque chose d'écrit à sa surface. Cela peut être un code client·e, une référence de plastique ou bien encore des numéros de série.

← Carte électronique extraite d'une imprimante HP Deskjet 1510.

Pourquoi n'avions-nous jamais pris le temps de lire ces écritures ? Que signifie par exemple l'inscription « 3DREV B2L56-90005 >ABS< C14 » ou encore « BRD1-E254361 » ?

Si l'on y réfléchit bien, il y a quelque chose d'assez comique dans le fait qu'un objet destiné à imprimer des pages de texte soit lui-même recouvert de texte. Et en même temps, il y a quelque chose d'assez tragique dans le fait que la grande majorité de ces textes soit complètement indéchiffrables pour nous autres utilisateur·ices.

Ne serait-il pas possible de trouver, malgré tout, une signification à ces inscriptions cabalistiques ?

L'ÉCRITURE SANS ÉCRITURE

« Le monde est rempli de textes, plus ou moins intéressants ; je n'ai aucune envie de lui en ajouter un de plus[23]. » C'est sur cette phrase que s'ouvre le livre *L'Écriture sans écriture* de Kenneth Goldsmith qui nous invite à questionner notre rapport à la littérature dans un monde saturé d'informations. Ce poète et théoricien nous rappelle que notre société produit chaque jour une quantité astronomique de textes, dont seule une infime partie sera lue par des êtres humains. L'écrasante majorité des énoncés textuels produits quotidiennement s'adresse en effet en premier lieu à des machines.

23 Kenneth Goldsmith, *L'Écriture sans écriture. Du langage à l'âge numérique* [2011], trad. François Bon, Paris, JBE Books, coll. Uncreative Writings, 2018, p. 9.

Dans notre monde hypertextualisé, Goldsmith nous dit que les poète·sses, plutôt que de s'efforcer à créer des contenus littéraires originaux, doivent essayer de recontextualiser la matière textuelle déjà existante. Goldsmith écrit :

> Avec l'essor du web, l'écriture a rencontré sa photographie. Par cela, j'exprime que l'écriture a rencontré une situation équivalente à ce qui est arrivé à la peinture lors de l'invention de la photographie, une technologie tellement plus adaptée à la reproduction de la réalité que la peinture, pour survivre, a dû changer radicalement de trajectoire[24].

24 *Ibid.*, p. 23.

Selon lui, ce qui compte aujourd'hui c'est ce que l'on *fait* avec les textes et non pas le fait de *faire* des textes. Il résume sa pensée dans une formule lapidaire : « Context is the new content[25]. »

25 *Ibid.*, traduisible par « Le contexte est le nouveau contenu ».

Pour nous faire comprendre cette idée assez contre-intuitive, Goldsmith réalise dans son livre une expérience poético-numérique assez étonnante. Il transforme le *flavicon* du site Wikipédia, une petite icône représentant un « W », en un document texte. Pour cela, il va simplement changer l'extension du fichier pour métamorphoser ce document « .png » en un document « .txt »[26]. De cette manière, il accède au code source de cette toute petite image et il obtient une suite de références alphanumériques qui encode en langage hexadécimal chacun des pixels du fichier. On se retrouve alors avec un pavé de texte alphanumérique indéchiffrable, mais organisé selon une logique que l'on peut percevoir : au-delà de l'illisibilité de cette série de codes, quelque chose semble malgré tout chercher à se dire. À propos de cette expérience, Goldsmith écrit :

26 *Ibid.*, p. 29-30.

↑ Kenneth Goldsmith, dessin d'après un portrait photographique.

> Bien sûr il ne s'agit pas de poésie, ni de ce qu'elle suppose être, mais cela nous montre que même ce qui est apparemment dépourvu de sens, et consiste en un jeu aléatoire de caractères alphanumériques, peut disposer de qualité poétique. Alors que ce langage a d'abord pour tâche de passer d'un état à l'autre (du code à l'icône), ces mêmes potentialités de transformation — le langage se transformant en encore plus de langage — sont en grande part la fondation de ce qui s'ouvre aujourd'hui à l'écriture[27].

27 *Ibid.*, p. 23.

Cette approche radicale de l'écriture poétique ne pourrait-elle pas nous aider à trouver une signification à la multitude des écritures illisibles qui recouvre les composants de nos imprimantes ?

RÉADRESSAGE DE LA MATIÈRE TEXTUELLE D'UNE HP DESKJET 1510

Parmi les innombrables imprimantes que nous avions collectées dans la rue, nous avions dans notre atelier une HP Deskjet 1510. Il s'agit d'une petite imprimante de bureau qui coûtait, sur internet au moment de sa commercialisation, une cinquantaine d'euros. Sur la façade de cet appareil, on peut voir quelques boutons, plusieurs codes-barres et une série de logotypes.

Dans la continuité des réflexions de Goldsmith, nous avons décidé d'envisager cette imprimante comme une surface d'écriture : nous avons tenté de considérer cette machine comme un livre recouvert d'hiéroglyphes. La première étape de ce travail a consisté à relever systématiquement toutes les occurrences alphanumériques qui se trouvaient à la surface des multiples pièces qui composent une HP Deskjet 1510 : carte mère, moteur électrique, courroies crantées, parois en plastique, structures métalliques et câbles électriques, nous avons tout ausculté patiemment. Lors de cette longue opération de démontage et d'observation, nous avons découvert des éléments textuels cachés jusqu'au fin fond des anfractuosités de la machine.

En observant attentivement cette collection d'inscriptions, nous avons vite compris que ce texte cryptique ne nous était vraisemblablement pas destiné. Nous n'étions pas censé·es être les lecteur·ices de ces écritures techniques. Face à ce constat, nous nous sommes demandé ce que nous pouvions faire pour devenir malgré tout les destinataires de ces informations alphanumériques. Quelle opération de traduction ou de transposition devions-nous appliquer à cette matière textuelle pour que l'adressage de ces inscriptions se mette à pointer vers nous ?

LE VIDE ET LE PLEIN

Dans les années 1970, certain·es mathématicien·nes ont essayé de trouver des messages cachés dans les Écritures sacrées[28]. Pour cela, iels ont tenté de transformer chaque caractère hébraïque utilisé dans la Bible en une valeur numérique. L'idée était d'utiliser une table de conversion mathématique pour décrypter certains messages qui auraient été encapsulés dans l'écriture de la Bible. À la suite de ces différentes opérations de transcription, ces chercheur·euses ont commencé à voir apparaître entre les lignes de ce texte sacré des messages prophétiques. Selon elleux, la bombe atomique, la Shoah et bien d'autres catastrophes auraient été annoncées de manière cryptique dans les Écritures saintes…

Plusieurs chercheur·euses semblent aujourd'hui d'accord pour dire que cette démarche tient plus du fantasme que de la vérité scientifique. Malgré cela, cette histoire bien

28 Michael Drosnin, *La Bible : le code secret*, [1997], Paris, Robert Laffont, 2011.

← Photographie systématique des composants de l'imprimante à jet d'encre HP Deskjet 1510.

connue des amateur·ices d'ésotérisme nous a intéressé·es. Ces mathématicien·nes avaient réussi à trouver une manière de faire bifurquer la signification d'un texte vers une autre destination que celle qui avait été initialement prévue.

En nous inspirant de cette histoire, nous avons eu l'idée de traduire les caractères alphanumériques illisibles vers un code binaire en utilisant pour cela le code ASCII comme clé de traduction. Pour rappel, l'*American Standard Code for Information Interchange* est une norme de codage informatique datant des années 1960 qui attribue à 95 caractères alphanumériques une référence binaire d'une longueur de 7 bits. Ainsi, le « A » est encodé en ASCII de cette manière : 1000001.

En utilisant cette méthode, nous avons essayé de transformer en suites de neuf séquences binaires l'inscription « HST-RU-34 » que nous avons trouvée inscrite sur une petite roue crantée en plastique blanc située au fond de l'imprimante que nous avons auscultée. Nous avons alors obtenu le résultat suivant : 1001000 — 1010011 — 1010100 — 0101101 — 1010010 — 1010101 — 0101101 — 011001 1 — 0110100. Ces neuf séquences, nous les avons ensuite additionnées entre elles afin d'obtenir une seule séquence binaire synthétique. Nous avons alors obtenu la séquence suivante : 1001010111.

L'esthétique aride de cette étrange séquence d'une dizaine de bits d'information encodée en binaire a fait écho à la lecture d'un livre de Mark Alizart intitulé *Informatique céleste*[29]. Dans cet essai, le philosophe développe une approche originale des technologies numériques dans laquelle, à travers une minutieuse généalogie des machines à calculer, il démontre que l'informatique n'est pas un dispositif technique comme les autres : c'est une technologie ayant une dimension philosophique, voire spirituelle. À l'image de ce qui se passe dans les automates cellulaires[30], l'alternance de « 0 » et de « 1 » apparaît comme une règle minimale capable de faire émerger des phénomènes d'une grande complexité. C'est une forme de langage universel et transculturel que l'on retrouve à toutes les échelles de la matière. Dans cette perspective, on peut commencer à voir dans cette séquence « 1001010111 » autre chose qu'une suite de chiffres. On peut voir dans ce fragment de code binaire une écriture opératoire constituée de pleins et de vides. On peut y voir la promesse d'un monde.

29 Mark Alizart, *Informatique céleste*, Paris, PUF, 2017.

30 Voir le livre de Stephen Wolfram qui déplie cette idée dans de nombreuses disciplines scientifiques, Stephen Wolfram, *A New Kind of Science*, Wolfram Media Inc, 2002.

YI KING

31 Le *Yi King* date du Ier millénaire avant l'ère chrétienne, époque des Zhou (1027-256 av. J.-C.).

Le *Yi King*[31] est un système de divination complexe qui se base sur le tirage d'une série d'hexagrammes. Cela peut se faire en jouant à pile ou face avec une pièce de monnaie, ou bien en comptant des tiges d'achillée millefeuille, comme cela se pratique encore aujourd'hui en Chine. Une fois que l'on a obtenu un hexagramme, on doit donner une interprétation de celui-ci en fonction d'une situation donnée.

En traduisant l'inscription « HST-RU-34 » à l'aide de l'ASCII nous avions obtenu une séquence composée d'une suite de « 0 » et de « 1 ». Cette séquence, 1001010111, nous avons commencé à l'envisager comme une suite de pleins et de vides, autrement dit comme le résultat d'un tirage de *Yi King*. En effet en transformant les « 1 » en ligne continue *yang*, et les « 0 » en ligne brisée *yin* des six premiers bits d'information de notre séquence, nous obtenons facilement un des 64 hexagrammes présents dans ce système divinatoire : l'hexagramme 22, nommé *Bi*, représentant « La Grâce » ou « L'Ornement ».

32 Richard Wilhelm, *Yi King. Le Livre des transformations*, trad. Étienne Perrot, Paris, Médicis, 1994.

Pour interpréter correctement le résultat de cet étrange tirage, nous avons consulté *Le Livre des transformations*[32], un ouvrage qui peut être considéré comme la table de traduction officielle du *Yi King* chinois. Dans ce livre, pour chaque hexagramme on trouve une longue série de conseils sur la manière dont les individues doivent adapter leur comportement en fonction d'une situation donnée. Par exemple, l'hexagramme 15 conseillera l'humilité pour créer le succès, l'hexagramme 30 conseillera la persévérance, tandis que l'hexagramme 45 invitera à se rassembler et harmoniser ses objectifs de vie...

↑ Richard Wilhelm, *Yi King. Le Livre des transformations.*

Cette ancestrale table de conversion, malgré sa grande beauté, ne nous semblait pas d'une grande utilité pour interpréter de manière intéressante l'hexagramme 22 que nous avions obtenu à partir de l'inscription « HST-RU-34 ». Pour contourner cette difficulté, nous avons décidé d'écrire notre propre table de conversion en conservant néanmoins certains aspects de chaque hexagramme.

Ainsi, dans notre nouveau système d'interprétation, le tirage de l'hexagramme 22 propose à læ consultante d'ajuster ses outils à sa propre sensibilité et lui transmet ce conseil : « Changez le design des interfaces qui accompagnent votre vie quotidienne. »

HEXAGRAMME 1 = « REJOIGNEZ LA SILICON VALLEY » = > LIBÉREZ LE POTENTIEL D'INNOVATION ENCAPSULÉ DANS LES MACHINES
HEXAGRAMME 2 = « BRICOLEZ DANS VOTRE GARAGE » = > CRÉEZ VOUS-MÊME VOS PROPRES TECHNOLOGIES
HEXAGRAMME 3 = « ÉCRIVEZ LES MODES D'EMPLOI DONT VOUS AVEZ BESOIN » = > DESSINEZ UN PLAN D'ATTAQUE POUR CHANGER LE MONDE
HEXAGRAMME 4 = « ÉCOUTEZ LE SON DE VOTRE VIEUX WALKMAN » = > INTÉGREZ L'HISTOIRE DES TECHNOLOGIES DANS VOS RÉFLEXIONS SUR LE FUTUR DE LA PLANÈTE
HEXAGRAMME 5 = « PRENEZ LE TEMPS DE CULTIVER VOTRE POTAGER » => BRANCHEZ-VOUS À UNE AUTRE TEMPORALITÉ QUE CELLE DES MACHINES
HEXAGRAMME 6 = « TENTEZ DE CONTACTER JULIAN ASSANGE » => MILITEZ POUR DÉFENDRE VOTRE POSITION D'UTILISATEURICE
HEXAGRAMME 7 = « DESSINEZ UNE CARTE MENTALE » => PRENEZ CONSCIENCE DE LA CONVERGENCE DES LUTTES
HEXAGRAMME 8 = « SOUDEZ DES CIRCUITS ÉLECTRONIQUES » => RÉDUISEZ LES DIFFÉRENCES ENTRE LE HARDWARE ET LE SOFTWARE
HEXAGRAMME 9 = « CONSULTEZ UNE TECHNO-CHAMANE » => INVESTISSEZ-VOUS DANS UNE AUTRE VERSION DU FUTUR
HEXAGRAMME 10 = « OPTEZ POUR UNE COMMUNICATION CRYPTÉE » => GARDEZ L'ANONYMAT
HEXGRAMME 11 = « DEVENEZ COMPLÈTEMENT OPEN SOURCE » => ABANDONNEZ LA NOTION DE PROPRIÉTÉ
HEXAGRAMME 12 = « OBSERVEZ JOYEUSEMENT L'OBSOLESCENCE » => DOCUMENTEZ LA DISPARITION D'UNE TECHNOLOGIE PARTICULIÈRE
HEXAGRAM 13 = « RÉCLAMEZ LA RICHESSE DE LA DIVERSITÉ » => FAVORISEZ L'INCLUSIVITÉ DANS VOTRE QUOTIDIEN
HEXAGRAMME 14 = « REDONNEZ DE LA PUISSANCE À VOS ANCIENS TALENTS » => SERVEZ-VOUS DE VOS DES RESSOURCES OUBLIÉES
HEXAGRAMME 15 = « RÉSISTEZ AVEC SOUPLESSE AU CAPITALISME ATTENTIONNEL » => PRATIQUEZ LE SOFTPOWER
HEXAGRAMME 16 = « MAITRISEZ LA FOLIE DU TECHNO-ENTHOUSIASME » => PARTICIPEZ À L'INSTITUTIONNALISATION DES NOUVELLES VISIONS DU MONDE
HEXAGRAMME 17 = « DÉVELOPPEZ UNE VISION WABI-SABI »=> PROFITEZ DES ÉNERGIES LIBREMENT DISPONIBLES POUR VOUS DÉBARRASSER DE VOS ANCIENNES DÉPENDANCES
HEXAGRAMME 18 = « REMÉDIEZ AUX BUGS DU PASSÉ » => PARTICIPEZ AU DÉMANTELAGE DE CERTAINES INFRASTRUCTURES POLLUANTES
HEXAGRAMME 19 = « ENTREZ DANS LA FAN ZONE » => FAITES AUGMENTER LE POUVOIR DES IDÉES ET DES PERSONNES PARTICIPENT À NOTRE ÉMANCIPATION
HEXAGRAMME 20 = « GOBEZ LA PILULE ROUGE » => ANNONCEZ LA DYSTOPIE
HEXAGRAMME 21 = « FAITES TOURNER LA ROUE DU KARMA » => DÉCLAREZ QUE VOUS BIFURQUEZ
HEXAGRAMME 22 = « AJUSTEZ VOS OUTILS À VOTRE SENSIBILITÉ » => CHANGEZ LE DESIGN DES INTERFACES QUI ACCOMPAGNENT VOTRE VIE QUOTIDIENNE
HEXAGRAMME 23= « IMAGINEZ-VOUS EN TRAIN DE VIEILLIR AVEC VOS MACHINES » => MILITEZ POUR LA ROBUSTESSE TECHNOLOGIQUE
HEXAGRAMME 24 = « RÉVEILLEZ LE STEAMPUNK EN VOUS » => ESTHÉTISEZ LES DÉMARCHES RETROFUTURES
HEXAGRAMME 25 = « REJOIGNEZ UNE ZONE BLANCHE » => DÉCONNECTEZ-VOUS POUR MIEUX VOUS RELIER À L'ESSENTIEL
HEXAGRAMME 26 = « DEVENEZ ENFIN CYBORG » => CESSEZ DE REFOULER CE QUI VOUS ENTRAVE
HEXAGRAMME 27 = « ADOPTEZ UN RÉGIME MACROBIOTIQUE » => NOURRISSEZ DE NOUVELLES ALLIANCES SALVATRICES
HEXAGRAMME 28 = « DÉNOUEZ LES RELATIONS TOXIQUES » => RÉPAREZ CE QUI A ÉTÉ CASSÉ
HEXAGRAMME 29 = « AFFRONTEZ VOTRE PEUR DES « FATALS ERRORS » => DÉPROGRAMMEZ LES PHOBIES TECHNOLOGIQUES QUI VOUS EMPÊCHENT D'AGIR
HEXAGRAMME 30 = « ENFILEZ DES LUNETTES DE SOLEIL COMME DANS LE FILM INVASION LOS ANGELES (THEY LIVE) » => ÉLUCIDEZ LES EFFETS DE BLACK BOX
HEXAGRAMME 31 = « INCITEZ VOTRE COMMUNAUTÉ AU CHANGEMENT » => SOYEZ À L'INITIATIVE DES ÉVOLUTIONS QUE VOUS VOULEZ VOIR ADVENIR
HEXAGRAMME 32 = « ENTÊTEZ-VOUS À RÉPARER VOS MACHINES » => CONSERVEZ LES ANCIENNES TECHNOLOGIES QUI VOUS ONT ACCOMPAGNÉ JUSQUE LÀ

HARUSPICINE TECHNOLOGIQUE

Nous avons imaginé le terme *haruspicine technologique* pour désigner l'ensemble des opérations de collecte, de lecture et d'interprétation des inscriptions cryptiques que nous avons réalisé à la suite du démontage de notre imprimante HP Deskjet 1510. Pour rappel, l'haruspicine est une pratique divinatoire de l'Antiquité qui consistait à prédire l'avenir en observant les entrailles d'un animal qui venait d'être tué. Læ devinæ interprétait alors des signes discrets présents à la surface des organes vitaux comme une tâche, une boursouflure ou une trace de sang anormale, pour en déduire une prophétie ou un oracle.

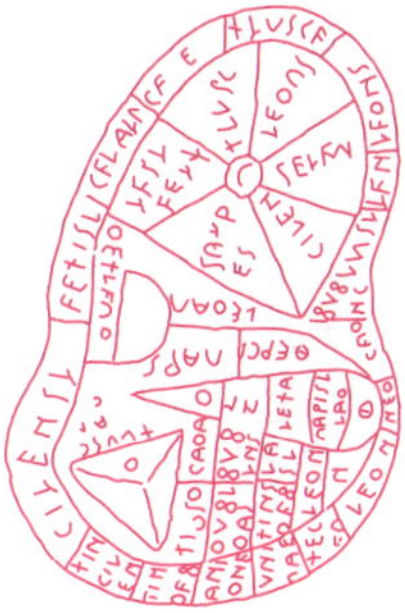

↑ Transcription dessinée du *Foie de Plaisance*, objet de divination étrusque en bronze, fin du IIe siècle av. J.-C. - début du Ier siècle av. J.-C., Palais Farnèse, Plaisance, Italie.

Dans le cadre du rituel de technomancie que nous avons imaginé, nous utilisons une version revisitée — ou plutôt remastérisée — du *Yi King* comme outil de déchiffrage, pour construire nos prédictions. Ici, on l'aura compris, le but de cette opération n'est pas de produire une vision absolument fiable pour le futur. Cette démarche doit plutôt être envisagée comme une performance poétique ou comme un dispositif *facilitateur* qui nous aide à réparer le lien de signification qui s'est progressivement abîmé entre nous et les objets technologiques.

Ce que nous avons remarqué lors de notre travail sur l'haruspicine technologique, c'est qu'en introduisant une part de fiction, d'imaginaire et même de surnaturel, dans notre rapport à la technologie, il devient soudainement beaucoup plus facile d'investiguer ce qui se passe à l'intérieur des machines. En un mot, l'haruspicine technologique permet de se sentir légitime à explorer, à questionner et à interpréter les objets technologiques indépendamment de son niveau de connaissance scientifique. Cette opération de technomancie permet de créer un espace sécurisé et ludique où la technologie redevient un terrain d'expérimentation : un paysage poétique que l'on est toustes autorisé·es à découvrir.

← Détail de l'installation *Carte oraculaire*, (*Yi King technologique*), exposition *Exceed your vision*, Galerie D, Fondation Fiminco, 2023.

Telle que nous l'avons pensé, l'haruspicine technologique peut se pratiquer dans un cercle amical, mais elle peut aussi prendre une dimension plus théâtrale si elle est performée dans un espace d'exposition. Dans ce contexte, l'haruspicine technologique s'accompagne d'un rituel de démontage au cours duquel les participant·es peuvent participer à l'interprétation des significations occultes des numéros de série et des références de plastique qui sont inscrites à l'intérieur d'une imprimante ou d'une autre machine. À la suite de ce rituel de réappropriation de la signification des écritures incompréhensibles qui hantent le monde des engrenages et des cartes mères, le résultat de cette opération de technomancie peut se déployer sur un mur pour former une sorte de carte oraculaire.

DISSUASION IMPLICITE

Très souvent, nous partons du principe qu'il est tout à fait normal de ne pas comprendre comment les objets technologiques fonctionnent. Lorsque nous démontons un grille-pain ou un smartphone pour regarder ce qui se passe à l'intérieur, nous savons que nous allons tomber sur des mécanismes un peu obscurs. Lorsque nous faisons ce genre d'expérience, nous avons l'impression que notre curiosité naturelle pour les engrenages et les circuits électriques est subtilement découragée.

Lors de la conception d'une machine destinée au grand public, les industriel·les apportent une attention particulière à l'extériorité des objets. Il faut que le design de la façade de cette machine soit extrêmement facile d'accès et que les principaux boutons de fonctionnement soient intelligemment mis en avant pour que chaque utilisateur·ice puisse intuitivement s'approprier cet objet. En revanche, l'intérieur d'une machine décourage la plupart du temps l'utilisateur·ice de tenter ellui-même toute réparation. Le simple démontage d'un objet technologique s'avère souvent suffisamment compliqué pour que personne n'ait envie de s'y attaquer.

On peut alors dire qu'il y a une tension entre le design de façade et le design des éléments électroniques et mécaniques — un clivage entre le design de *surface* et le design *profond*. Le premier répond à des impératifs d'attractivité, de lisibilité et d'accessibilité, tandis que le second répond à des impératifs liés à la sécurité, la baisse du coût de production, et parfois l'obsolescence programmée. Cette séparation qui est souvent justifiée par l'augmentation du confort d'utilisation, est en réalité une manière de limiter le pouvoir des utilisateur·ices sur leur machine.

Pour que le clivage entre le design de surface et le design profond n'apparaisse pas aux utilisateur·ices comme

→ Détail de l'installation *Carte oraculaire*, exposition *Exceed your vision*, Galerie D, Fondation Fiminco, 2023.

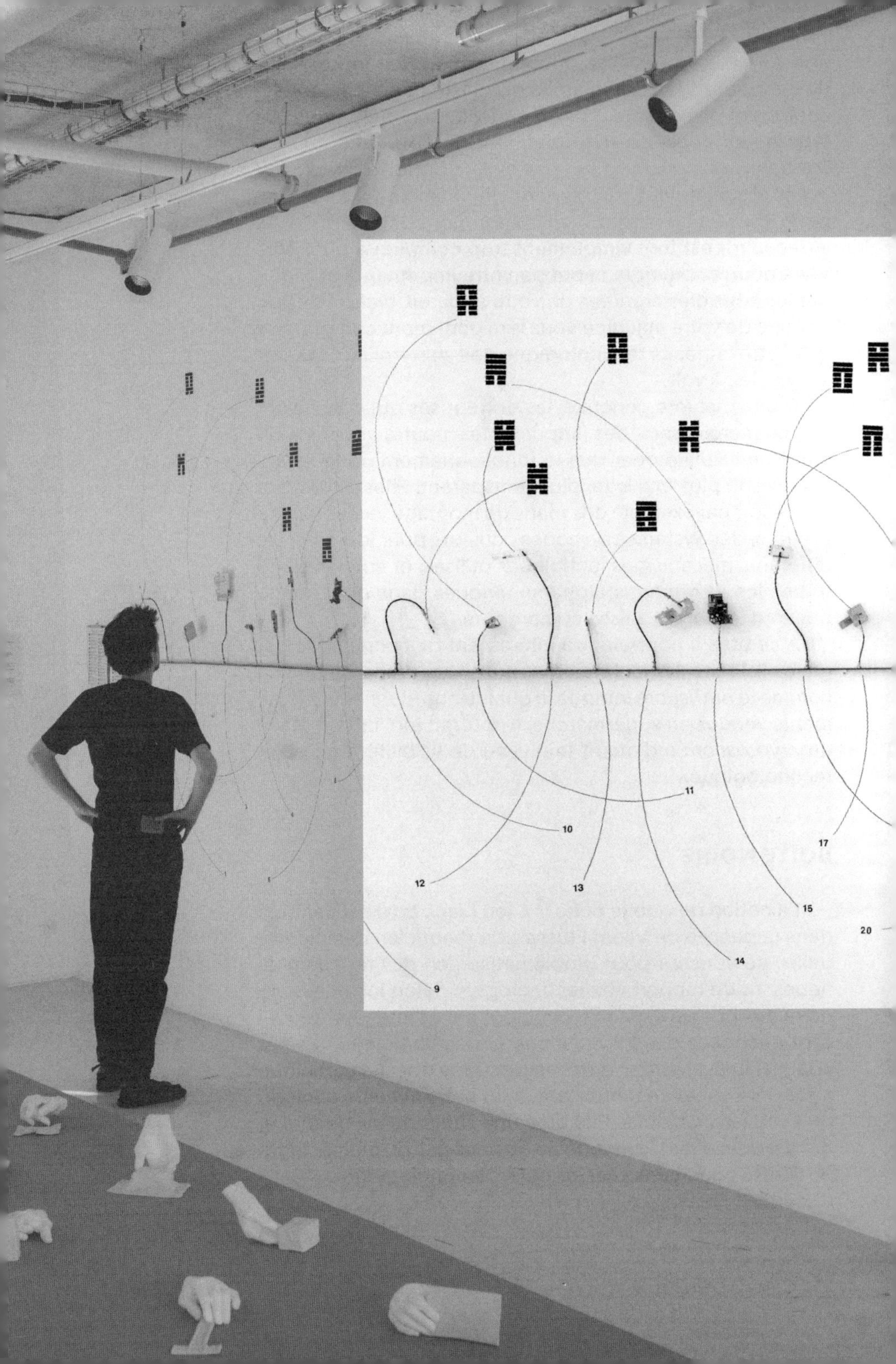
11
10
17
12
13
15
20
14
9

une forme trop violente d'infantilisation, les industriel·les développent des stratégies de dissuasion implicite qui découragent discrètement notre curiosité technologique. Ce type de stratégie de détournement de notre attentionnalité consiste à laisser à l'utilisateur·ice l'opportunité d'avoir accès visuellement à l'intérieur des machines qu'iel emploie, tout en lui faisant bien comprendre que ce qu'iel va y découvrir est tout simplement trop compliqué pour ellui. Vous pourrez ouvrir le capot de votre imprimante et regarder les courroies crantées de votre appareil, mais le design opaque de votre machine vous fera gentiment comprendre que votre curiosité technologique doit s'arrêter là. Circulez, il n'y a rien à voir.

D'une manière générale, les entreprises qui conçoivent et commercialisent des imprimantes pourraient faire un effort de lisibilité pour que le fonctionnement de leurs appareils soit plus explicite, plus transparent. Elles pourraient concevoir par exemple des plans de montage faciles à comprendre, des systèmes de codes couleurs pour identifier les différents mécanismes techniques utilisés, et enfin traduire toutes les inscriptions alphanumériques dans un langage que tout le monde puisse comprendre.

À ce titre, il pourrait être intéressant de connaître le degré de lisibilité des technologies qui nous entourent. Un peu comme le *nutriscore* indique la qualité nutritionnelle des aliments vendus en supermarché, il pourrait être mis en place un *cryptoscore* indiquant le niveau de lisibilité d'un objet technologique.

BOÎTE NOIRE

La notion de « boîte noire[33] » (ou *black box*) est centrale dans la pensée de Vilém Flusser. Ce théoricien des médias utilise ce concept pour problématiser, en des termes politiques, notre rapport aux technologies. Selon lui, une *boîte noire* désigne un espace technologique à l'intérieur duquel sont encodées des informations et des commandes, mais auquel l'utilisateur·ice n'a pas accès. Cette opacité technique a des conséquences importantes sur notre manière d'interagir avec les machines. Elle crée une situation asymétrique, dans laquelle tout le monde ne dispose pas du même degré de liberté pour manipuler les objets technologiques.

33 Vilém Flusser, *Pour une philosophie de la photographie* [1983], trad. Jean Mouchard, Paris, Circé, 1996.

L'accès à l'intégralité des potentialités d'un objet technologique n'est donc pas universel. Il est pour ainsi dire filtré par des barrières logicielles et matérielles. En ce sens, on peut décrire les objets technologiques comme des espaces de pouvoir. Des espaces de pouvoir qui sont structurés par un régime d'autorisations et de privilèges dont l'objectif est de décider qui a le droit (ou non) d'effectuer certaines actions.

↑ Vilém Flusser, *Pour une philosophie de la photographie.*

À travers sa réflexion, Flusser nous invite à prendre conscience que lorsque nous produisons des énoncés signifiants en utilisant des technologies pré-encodées, cette production de signification est conditionnée en amont par l'instrument que nous utilisons. Dans cette perspective, la boîte noire devient une métaphore puissante pour désigner le retrait progressif du contrôle humain sur les conditions de production des énoncés signifiants.

Prenons l'exemple des imprimantes. Elles semblent être des machines universelles capables de produire toutes sortes d'énoncés signifiants. Pourtant, elles reposent sur des couches matérielles et logicielles inaccessibles pour la majorité des utilisateur·ices. Derrière les interfaces graphiques familières des pilotes d'impression se cache un enchevêtrement de codes, de protocoles et de langage machine qui formatent par avance l'usage que nous faisons de ce type de machine. Ce que l'on perçoit de la machine n'est qu'une interface, une projection simplifiée — presque une hallucination matérielle — qui masque l'architecture réelle de ce genre de dispositif.

La *boîte noire*, chez Flusser, révèle ainsi un déplacement du pouvoir : ce ne sont plus les humains qui contrôlent les outils d'écriture, mais les machines elles-mêmes qui structurent les conditions de possibilité de nos discours et de nos perceptions. Ce que nous dit Flusser, c'est que dans notre réalité post-moderne, l'espace d'écriture et de lecture de nos objets technologiques est verrouillé de toutes parts et nous ne pouvons interagir avec les machines qu'au travers de leurs interfaces pré-encodées. Nous ne sommes donc jamais en situation d'écriture directe, nous sommes toujours en train de jouer avec des fragments de textes pré-encodés dont nous ne serons jamais les auteur·ices définitif·ves.

Cet état de fait contribue au devenir illisible du monde. Il participe à notre sentiment de ne plus avoir de prise sur les forces sémiotiques qui modèlent notre accès à la réalité.

Autrement dit, si les textes, les inscriptions et les codes de nos technologies ne nous sont plus adressés, cela signifie, d'une manière ou d'une autre, qu'une partie du monde est en train de se construire sans nous.

L'OMINEUX

« Ceci n'est pas pour vous[34]. » Ainsi commence *La Maison des feuilles*, l'objet littéraire labyrinthique et angoissant publié en 2000 par Mark Z. Danielewski. Ce texte raconte l'expérience d'une famille étasunienne, les Navidson, qui s'installe dans une maison au comportement très étrange. Ce bâtiment a en effet la particularité de faire apparaître subitement de nouveaux espaces à l'intérieur de ses murs. Un peu comme si cet espace domestique était capable d'ouvrir de nouvelles dimensions au sein même des trois dimensions qui la constituent. Malgré de multiples investigations, aucun des personnages du roman ne parvient à comprendre ni la signification, ni la géométrie de ces espaces illogiques qui semblent avoir été comme encapsulés dans l'architecture fonctionnelle de la maison.

34 Mark Z. Danielewski, *La Maison des feuilles* [2000], trad. Christophe Claro, Sadirac, Monsieur Toussaint Louverture, 2022.

Le texte propose ainsi une expérience immersive et polyphonique qui plonge læ lecteur·ice dans les profondeurs de cette maison inquiétante. La force obscure de ce lieu contamine peu à peu non seulement la psyché des personnages, mais aussi la structure même du roman. À mesure que l'on s'enfonce dans sa réalité fractale, la mise en page se déconstruit progressivement, jusqu'à devenir presque illisible. Il semble que les entrailles mystérieuses de la maison influencent directement la manière dont le texte se déploie à la surface de la page imprimée.

↑ Mark Z. Danielewski, *La Maison des feuilles.*

À l'image de ce qui se passe à l'intérieur de la maison des Navidson, lorsque des espaces sémiotiques clos sur eux-mêmes — des boîtes noires — sont encapsulés dans l'architecture de nos technologies, cela provoque presque irrémédiablement une fragmentation de notre rapport à la signification du monde. En effet, ces dispositifs cryptiques diffusent autour d'eux des signes fantomatiques que nous ne savons pas interpréter, ce qui donne parfois le sentiment de cohabiter avec des entités spectrales dont nous percevons la présence, sans jamais pouvoir les saisir complètement.

Le théoricien Mark Fisher a utilisé la notion d'« omineux[35] » pour décrire certaines expériences étranges engendrées par le capitalisme tardif. Selon lui, l'omineux survient lorsque la réalité est hantée par des objets dont la dimension excède nos capacités de perception habituelle du réel. Il écrit que cette sensation se caractérise soit « par un manque d'absence » soit par « un échec de présence[36] ». Ainsi, face aux écritures indéchiffrables qui recouvrent nos objets technologiques, il nous arrive de faire l'expérience de cette étrangeté décrite par Fisher. Nous sommes confronté·es à des inscriptions dont le sens semble engrammé de manière trop profonde, trop in-humaine pour que nous puissions y accéder. Face à ces inscriptions, il y a quelque chose qui déborde devant nous, et en même temps qui se dérobe à nous. Il y a à la fois un manque d'absence et un échec de présence. « Ceci n'est pas pour vous. »

35 Mark Fisher, *Par-delà étrange et familier. Le bizarre et l'omineux*, trad. Julien Guazzini, Paris, Sans Soleil, 2024.

36 *Ibid.*, p. 77.

MANTIQUE ET HERMÉNEUTIQUE

Dans un article intitulé « Mantique et herméneutique[37] », le philosophe Wolfram Hogrebe démontre la manière dont les épistémologies divinatoires servent bien souvent de base au développement des épistémologies rationnelles. Dans ce texte, il nous rappelle par exemple qu'un grand nombre de nos connaissances pharmacologiques proviennent de savoirs ancestraux élaborés à l'origine par des guérisseur·euses, des devin·es et des sorcier·es. Ce constat devrait nous inviter à ne pas opposer trop rapidement les pratiques divinatoires et les pratiques scientifiques.

37 Wolfram Hogrebe, « Mantique et herméneutique » [2005], *Trivium*, n° 10, 2012.

> Aujourd'hui encore, sans une part d'intuition divinatoire, nous ne saurions guère comment aborder les animaux, les hommes et le monde en général. D'un point de vue herméneutique, cette part mantique se répercute jusque dans notre communication quotidienne. Ce qu'un autre veut me dire, je commencerai toujours par le deviner avant de le savoir[38].

38 *Ibid.*, p. 6.

Cette réflexion nous a conforté·es dans l'idée qu'il pouvait être intéressant de convoquer des épistémologies divinatoires dans notre approche des technologies. Notre usage de la technomancie ne doit pas être envisagé comme une démarche pseudo-scientifique, mais plutôt comme une pratique parallèle qui a pour but de redonner aux machines et aux appareils numériques un peu de signification. Il nous semble qu'en rétablissant un lien de signification avec ces objets, même si celui-ci est un peu fictionnel ou ésotérique, nous serons plus facilement à même de reconstruire par la suite des raisonnements plus rationnels. En somme, l'haruspicine technologique pourrait bien être une forme de pratique préparatoire qui anticipe une relation plus signifiante et plus raisonnée avec les objets technologiques[39].

Dans cette perspective, on peut dire que l'haruspicine technologique est une manière de jouer avec l'illisibilité des machines qui nous entourent. C'est une façon d'accepter notre difficulté à les comprendre sans pour autant se résigner complètement à la forme d'ignorance technologique que provoque de manière insidieuse la prolifération des boîtes noires à l'intérieur des objets numériques.

En imaginant des techniques d'auscultation, en inventant de nouvelles clés de transcription, en mettant en place des rituels d'interprétation collective, nous créons un nouveau cadre symbolique. À travers ce nouveau cadre d'interprétation du monde — ce jeu divinatoire —, ce qui était initialement incompréhensible devient subitement signifiant. Appliquée aux imprimantes, la technomancie fait saillir des aspects inattendus et des informations insoupçonnées à la surface de ces machines.

L'haruspicine technologique nous dote en quelque sorte de lunettes magiques qui nous permettent de comprendre un peu mieux ce type d'objet sans avoir recours aux savoirs techniques. Cette pratique nous ouvre un espace de liberté dans lequel nous pouvons à nouveau envisager les imprimantes comme des partenaires de jeu. Elle nous permet de réaliser une chose qui est devenue finalement assez rare : penser avec nos machines.

39 On peut mettre en relation cette réflexion avec une citation extraite de *Petite histoire de la photographie* dans laquelle Walter Benjamin nous dit que læ photographe — ce personnage programmatique de la modernité — est l'héritièr·e des devin·es et des haruspices de l'antiquité. « Le photographe — héritier des augures et des haruspices — ne doit-il pas révéler sur ses images la faute et en désigner le coupable. », Walter Benjamin. *Petite histoire de la photographie* [1931], trad. Olivier Mannoni, Paris, Payot, collection Petite Bibliothèque Payot, p. 57-58.

DÉ-PROGRAMMER L'OBSOLESCENCE

Si le concept d'obsolescence programmée remonte au début du XIXe siècle, le terme aurait été utilisé officiellement pour la première fois au cours de la première moitié du XXe siècle. C'est aux États-Unis au moment de l'entre-deux-guerres et alors que l'économie est fragilisée que des industriel·les ont imaginé cette notion pour décrire une nouvelle stratégie commerciale basée sur l'idée de dysfonctionnement planifié. Cette idée s'est ensuite répandue dans le monde entier et a été appliquée dans de nombreux domaines comme l'électroménager, les lames de rasoir, ou bien encore les ampoules électriques[40].

Aujourd'hui, l'obsolescence programmée désigne une stratégie marketing visant à accélérer le renouvellement des produits bien avant que ceux-là soient techniquement usés ou simplement passés de mode.

Les imprimantes symbolisent de manière emblématique ces logiques économiques autodestructives. Considérées comme trop durables par leurs fabricant·es, ces machines ont été équipées de puces qui bloquent le dispositif à partir d'un certain nombre de feuilles imprimées. Quand ce ne sont pas les imprimantes elles-mêmes qui se bloquent, ce sont les cartouches qui, équipées également de puces, sont détectées comme vides par l'application de l'imprimante alors même qu'il reste une quantité d'encre importante dans leur réservoir. Selon le rapport de l'association Halte à l'obsolescence programmée[41], l'imprimante serait en tête des objets les plus concernés par cette stratégie du marketing, juste après les ordinateurs.

On pourrait dire que l'obsolescence programmée est une manière de prédire l'avenir des machines. À travers cette logique, les entrepreneur·euses qui créent ces objets vont clore leur horizon. L'obsolescence programmée, par son sabotage anticipé, annule l'avenir des dispositifs techniques en programmant leur mort. À travers l'haruspicine technologique, nous pouvons essayer de faire dérailler le scénario que certain·es industriel·les encapsulent dans les machines qu'iels fabriquent. Ici, la pratique divinatoire sert de levier pour nous aider à faire diffracter le futur. Grâce à cette technique, plutôt que de rester enfermé·es dans une seule et unique image de l'avenir, on peut voir soudainement apparaître une myriade d'autres possibilités se dessiner devant nous.

40 C'est l'agent immobilier new-yorkais Bernard London qui serait à l'origine du terme de « *planned obsolescence* » (obsolescence planifiée) que l'on traduit aujourd'hui par *obsolescence programmée*. Pour London, la planification industrielle et étatique de l'obsolescence est le seul moyen de sortir de la Dépression des années 1930. Il préconise une date de péremption pour chaque objet produit comme seule manière de mettre en place un équilibre décent entre production et consommation. Voir Gil Bartholeyns, Manuel Charpy, *L'Étrange et Folle Aventure du grille-pain, de la machine à coudre et des gens qui s'en servent*, Paris, Premier Parallèle, 2021. Et également Bernard London, *L'Obsolescence planifiée. Pour en finir avec la Grande Dépression*, [1932], trad. Nicolas Jankovic, Éditions B2, 2013.

41 Enquête de l'association HOP (Halte à l'obsolescence programmée), « Imprimantes : cas d'école d'obsolescence programmée ? », 2019, https://www.halteobsolescence.org/wp-content/uploads/2017/09/Rapport-HOP-1.pdf (consulté le 20 janvier 2024).

➔ Imprimantes déposées dans les rues de Paris pour les encombrants, 2019-2024.

opération n° 2 : comprendre l'archéologie mécanique d'une imprimante

Pour mieux comprendre l'imprimante telle que nous l'utilisons aujourd'hui, nous nous sommes intéressé·es à une machine à écrire fabriquée par IBM à partir des années 1960. Cette machine utilise un mécanisme d'encodage mécanique très étonnant, le *whiffletree*, qui transforme chacun des caractères alphanumériques du clavier en une information encodée en langage binaire. En explorant le fonctionnement de ce mécanisme analogique, nous sommes remonté·es aux sources des premiers appareils numériques.

BUTIC
Tél. 01 43 46 29 29

IMPRIMANTE ET MACHINE À ÉCRIRE

Pour étudier un objet technologique, c'est souvent une bonne idée de regarder quels sont les appareils qui ont précédé son apparition. Dans le cadre de notre enquête autour des imprimantes, nous voulions trouver une machine qui, bien qu'elle soit très différente d'une imprimante actuelle, contienne déjà en son sein certains des éléments techniques que l'on retrouve dans les imprimantes d'aujourd'hui.

C'est en suivant ce raisonnement que nous avons commencé à nous intéresser aux premiers dispositifs de traitement de texte grand public apparus dans les années 1990, puis finalement, aux premières machines à écrire motorisées des années 1960. En effet, dans les machines à écrire de cette époque, on peut voir que se prépare à bas bruit ce que l'on appellera plus tard la révolution numérique. Bien que ces machines restent des *bécanes* profondément analogiques, certaines d'entre elles intègrent furtivement des premières formes de langage binaire. Au milieu des roues crantées, des câbles métalliques, des moteurs électriques, on peut trouver dans certaines machines des « 0 » et des « 1 » qui transmettent un message.

IBM SELECTRIC

De la fin du XIXe au début du XXe siècle, les machines à écrire sont entièrement mécaniques. Composées d'engrenages, de courroies, de ressorts et de leviers, elles offrent une alternative rapide à l'écriture manuscrite, tout en étant beaucoup moins coûteuses que l'impression typographique.

↑ AEG Mignon, machine à écrire d'Olympia Werke, 1924.

← Machine à écrire Selectric d'IBM achetée sur le site Leboncoin.

Cependant, les premières machines à écrire présentent deux limites majeures : une vitesse de frappe relativement lente et des possibilités de mise en page très limitées. Pour surmonter ces contraintes, les ingénieur·es d'IBM s'inspirent d'un ancien modèle développé par la marque AEG : la Mignon.

La Mignon est une machine à écrire atypique. Elle fonctionne avec une tête d'impression cylindrique. L'utilisateur·ice sélectionne un caractère avec la main droite, puis utilise la main gauche pour frapper le papier. Ainsi, la sélection du caractère et son impression sont deux actions séparées.

Ce principe de séparation entre la commande et la frappe influence les ingénieur·es d'IBM. Iels ont alors l'idée d'automatiser la frappe en y intégrant un petit moteur électrique. Ce moteur permet d'augmenter considérablement la vitesse d'écriture, tout en rendant possible le changement de tête d'impression pendant la rédaction.

Plutôt que d'utiliser une tête d'impression cylindrique comme sur la Mignon, IBM imagine un système entièrement nouveau : une boule d'impression. Techniquement cette pièce ressemble à une petite boule à facettes sur laquelle est sculptée en relief l'intégralité des caractères alphanumériques. Grâce à un système de poulies sophistiqué, cette boule recouverte de caractères d'imprimerie peut s'incliner et pivoter dans trois directions pour inscrire sur le papier n'importe quelle lettre en fonction de la frappe de l'utilisateur·ice. C'est ainsi qu'est née l'IBM Selectric, une machine à écrire révolutionnaire qui connaîtra un succès commercial sans précédent.

ACHAT COMPULSIF ET WHIFFLETREE

Lorsque nous avons appris l'existence de la Selectric, nous avons voulu rapidement acheter un exemplaire de cette machine. Sur le site Leboncoin, nous avons trouvé une annonce déposée par un couple de retraité·es qui proposait un modèle datant de 1986. Cette machine fonctionnait encore et elle avait appartenu à un étudiant étasunien qui avait tapé l'intégralité de sa thèse sur son clavier. Il nous a semblé que c'était un bon présage et nous l'avons immédiatement achetée.

Longtemps, notre Selectric est restée remisée dans un coin de notre atelier. Nous savions que quelque chose allait se passer avec cette machine, mais nous ne savions pas quand cela aurait lieu. Elle est donc restée près de nous pendant plus de deux années sans être véritablement investiguée. Et puis, un jour, un peu par hasard[42], nous avons découvert sur un obscur site internet que cette machine avait une particularité intéressante, un détail qui nous avait complètement échappé : elle fonctionnait grâce à un petit mécanisme métallique tout à fait étonnant nommé *whiffletree*.

À l'origine, le *whiffletree* est un système d'attelage utilisé dans le monde agricole qui sert à équilibrer la force de

42 Avec l'étudiant en design Alban Faugeroux qui effectuait alors son stage à notre atelier.

→ Boules typographiques et mode d'emploi de la Selectric II d'IBM.

Operating
Instructions
IBM
Selectric II
Typewriter

10
10
CR
SCRIPT

traction de différentes bêtes. Si l'on avait par exemple deux bœufs et un âne, l'on pouvait utiliser un *whiffletree* pour que cet attelage tire de manière harmonieuse une charrue. Ce dispositif breveté en 1889 a par la suite été détourné de son utilisation première pour être implémenté dans différents types d'objets mécaniques. On le retrouve par exemple encore aujourd'hui dans le fonctionnement de certains essuie-glaces.

Les ingénieur·es d'IBM ont imaginé une utilisation tout à fait originale pour ce petit mécanisme. En retournant le fonctionnement du *whiffletree*, iels sont parvenu·es à transformer ce système de levier en un petit calculateur analogique. En s'appuyant sur les propriétés mécaniques de cet ensemble de pivots et de balanciers, iels ont pu traduire des séquences d'information encodées en binaire pour en faire des commandes machine extrêmement basiques. En d'autres termes, cela signifie que grâce au *whiffletree*, la Selectric d'IBM utilise un encodage binaire — comme nos imprimantes modernes — tout en étant complètement mécanique — comme les machines à écrire classiques.

Ce que l'on observe ici, c'est la naissance du monde numérique à l'intérieur des technologies d'écriture. Cette éclosion s'incarne selon deux aspects fondamentaux. Premièrement, la réduction de la complexité alphanumérique sous la forme d'une information encodée dans un langage binaire. Et deuxièmement, la séparation matérielle et presque conceptuelle entre les opérations de commande et les opérations d'exécution.

Plusieurs années après la Selectric, nos ordinateurs équipés de leur imprimante pousseront jusqu'au bout ces deux aspects qui sont ici à peine naissants. Ainsi, la réduction de la complexité en langage binaire sera étendue aux images, aux calculs et à une multitude d'autres objets visuels, tandis que les opérations de commande et les opérations d'exécution seront éloignées de plus en plus clairement par plusieurs couches d'interfaces logicielles et matérielles. En ce sens, on peut dire que cette machine a servi de support de transition, voire d'« objet transitionnel[43] », pour reprendre un terme psychanalytique, entre le monde analogique et le monde numérique. Il nous a aidé·es à passer progressivement d'un régime de réalité à l'autre sans que nous nous en rendions toujours véritablement compte.

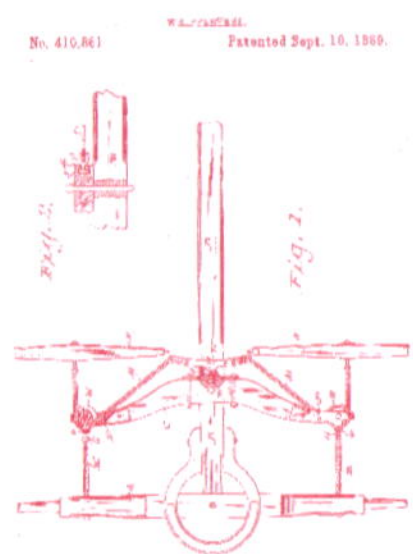

↑ Brevet du *whiffletree*, H. Clark, 1884.

43 Voir D.W. Winnicott, *Jeu et réalité. L'espace potentiel* [1971], trad. Claude Monod et J.-B. Pontalis, Paris, Gallimard, collection NRF, 1975.

→ Selectric d'IBM et schéma de fonctionnement de son *whiffletree*.

COURROIE POUR LE
MOUVEMENT DE "TILT"
BOULE
D'IMPRESSION
WHIFFLETREE
TOUCHE ACTIONNÉE
PAR L'UTILISATEUR·ICE
COURROIE POUR LE
MOUVEMENT DE
ROTATION
BARRE D'ENCODAGE BINAIRE

ARCHÉOLOGIE MACHINIQUE

La plupart du temps, on perçoit les objets technologiques comme des choses compactes et cohérentes qui reflètent l'esprit d'innovation d'une certaine époque. Par exemple, on verra dans l'apparition des lecteurs MP3 au tournant des années 2000 une amélioration notoire des systèmes d'écoute portatifs au regard des anciens baladeurs CD dont la lecture sautait au moindre tremblement. Cette vision progressiste de l'évolution des objets technologiques, bien qu'elle ne soit pas complètement fausse, nous empêche très souvent d'explorer la pleine complexité d'un appareil médiatique.

Lorsque l'on ausculte les objets technologiques pour regarder ce qui s'y passe, on se rend compte que ces objets sont des espaces ouverts dans lesquels sont agencés de manière plus ou moins chaotique une grande variété d'éléments matériels et de fragments techniques qui sont chacun reliés à des temporalités très différentes. Ainsi, un objet technologique peut être abordé comme un lieu de fouille dans lequel se sont sédimentés des éléments appartenant à des histoires asynchrones. De la même manière que l'on trouvera sur un site archéologique les fragments d'un obus, les restes d'un ossuaire médiéval et quelques tessons provenant de poteries antiques, on pourra découvrir dans les entrailles de la Selectric d'IBM des mécanismes qui viennent du monde agraire comme le *whiffletree*, des dispositifs qui viennent plutôt de la musique comme le clavier, ou bien encore des engrenages qui ressemblent à ceux que l'on trouve dans le monde de l'horlogerie.

Dans un livre programmatique intitulé *Qu'est-ce que l'archéologie des media*[44] *?*, le chercheur Jussi Parikka pose les bases d'une nouvelle approche des technologies qui tente justement de dépasser une vision progressiste de l'histoire des appareils médiatiques. Dans cet essai, il nous invite à nous intéresser aux media imaginaires, aux technologies utopiques qui n'ont jamais vu le jour, à l'émergence des dysfonctionnements ou bien encore aux machines souvent un peu baroques qui sont apparues à un moment de transition technologique.

Lorsque l'on active les méthodologies et les notions imaginées dans le contexte de l'archéologie des media, on s'aperçoit alors qu'une machine comme la Selectric d'IBM

44 Jussi Parikka, *Qu'est-ce que l'archéologie des media ?*, [2017], Grenoble, UGA Éditions, 2018. La notion de « media » renvoie à la dimension matérielle, structurelle et politique de nos dispositifs technologiques, cette orthographe permet de marquer une distinction avec ce que l'on appelle généralement « les médias », une notion désignant principalement des moyens de communication de masse.

devient subitement très intéressante à étudier. Dans cette perspective, si l'on observe ce qui se passe à l'intérieur de cet appareil, on comprend que cohabitent dans un même espace des éléments qui n'ont a priori rien à faire ensemble.

En d'autres termes, la façon avec laquelle les différents mécanismes provenant d'horizons très différents se rencontrent — de manière presque surréaliste — à l'intérieur de la Selectric reflète la manière dont une certaine vision du monde — celle des ingénieur·es d'IBM nourri·es de cybernétique et formé·es à la précision mécanique — a inscrit sa présence dans un type très particulier d'agencement machinique.

MACHINE À ÉCRIRE

45 Friedrich Kittler, *Gramophone, Film, Typewriter*, [1999], trad. Frédérique Vargoz, Paris, Les Presses du réel, 2018.

Dans son livre *Gramophone, Film, Typewriter*[45], le théoricien des media Friedrich Kittler développe une réflexion profondément originale sur les questions de media et de technologie. Dans cet essai, il s'appuie sur une approche transdisciplinaire pour cartographier la multitude des histoires qui se sont propagées à partir de l'émergence de quelques-uns des appareils d'écriture et d'enregistrement qui ont marqué le XXe siècle. Dans ce livre de référence de l'archéologie des media, les objets technologiques abordés ne sont pas étudiés comme des choses aux contours bien définis, mais davantage comme des sites de recherche à partir desquels penser les spécificités de notre expérience contemporaine.

46 *Ibid.*, p. 305.

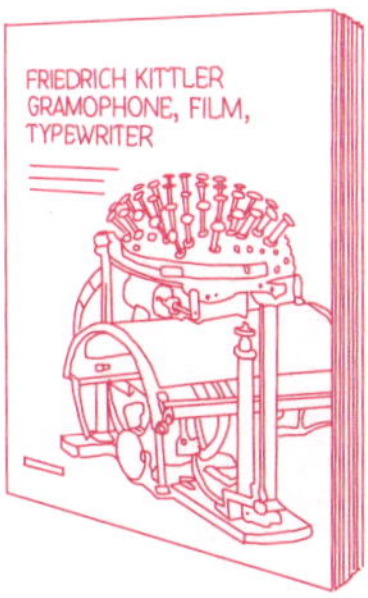

↑ Friedrich Kittler, *Gramophone, Film, Typewriter.*

Ainsi, dans un célèbre chapitre de ce livre[46], Kittler propose une plongée vertigineuse à l'intérieur de l'histoire technique et sociologique des machines à écrire. Dans ce chapitre, Kittler pratique une forme de carotte stratigraphique : il perfore verticalement les strates historiques accumulées au sein de cet appareil. Grâce à cette méthodologie, on comprend alors que la machine à écrire n'est pas un objet inerte, mais plutôt une sorte de media technique qui a catalysé autour de lui une multitude d'évolutions sociétales.

Kittler, tout au long de son chapitre consacré à la machine à écrire, va tisser un écheveau complexe qui va lui permettre de construire un raisonnement dense et ambitieux au cours duquel s'entrecroisent la pensée de Friedrich

Nietzsche, la poésie d'Henry James, l'écriture de Franz Kafka et le fonctionnement de la machine Enigma.

Cette démonstration, parfois vertigineuse, permet de faire comprendre à læ lecteur·ice comment la machine à écrire a transformé la linéarité de l'écriture manuelle en une séquence de lettres frappées. Dans la continuité des idées développées avant lui par Marshall McLuhan[47], Kittler décrit de quelle manière l'apparition et l'usage des machines à écrire a produit une profonde rupture dans notre manière d'appréhender la réalité en nous faisant passer d'une expérience fluide et continue du monde à quelque chose de plus encodé, de plus fragmenté. Ce profond bouleversement nous a permis, pour le meilleur comme pour le pire, de nous faire passer d'une société de l'écriture et de la continuité à une société de l'image et du soubresaut. Kittler écrit :

> La machine à écrire devient une mitrailleuse à discours. La machine qui se base sur ce que l'on appelle non sans raison des « frappes » fonctionnait par étape automatisée et discrète, comme le mécanisme de chargement en munitions du revolver ou de la mitrailleuse, ou encore le défilement du celluloïd dans l'appareil de projection[48].

Mais Kittler ne s'arrête pas là, il remarque que ce passage de l'écriture manuscrite à l'écriture tapuscrite a aussi permis une révolution importante pour les femmes. En effet cette machine va être un véritable levier d'émancipation. L'aspect domestique de cette technologie finalement assez proche du fer à repasser ou de la machine à coudre va permettre aux femmes de travailler et d'être rémunérées directement depuis chez elles en réalisant des travaux d'écriture. Kittler nous dit que la machine à écrire, en donnant aux femmes un nouveau moyen d'expression et de rémunération, va devenir un outil de lutte contre le patriarcat, un « facteur de désintégration de la cellule familiale traditionnelle[49] ».

Dans ce livre, Kittler développe une méthodologie de pensée qui relie en permanence la matérialité des machines avec la texture des idées d'une époque. Pour ce chercheur, on dirait qu'il n'y a pas d'un côté la technicité des machines et de l'autre le monde de la culture, mais qu'au contraire ces deux aspects de la vie sont les deux faces d'une même réalité.

47 Voir Marshall McLuhan, *La Galaxie Gutenberg. La genèse de l'homme typographique*, [1962], trad. Jean Paré, Paris, CNRS, 2017.

48 Friedrich Kittler, *Gramophone, Film, Typewriter*, *op. cit.*, p. 317.

49 *Ibid.*, p. 325.

ANALOGIE HYDRO-ÉLECTRIQUE

Après avoir développé la Selectric, IBM imagine des machines à écrire électroniques. Dans ces appareils, le *whiffletree* qui jouait un rôle de calculateur analogique est remplacé par un circuit électronique. Dans ce dispositif, lorsqu'un·e utilisateur·ice appuie sur une touche du clavier, la lettre correspondante est immédiatement encodée en langage binaire sous la forme d'un signal électrique. Ce signal traverse ensuite le circuit électronique pour être transformé à la sortie en une commande électrique destinée à actionner le moteur de la tête d'impression.

Si l'on veut saisir ce qui se passe dans ce type de circuit éléctronique, il est important de comprendre que l'électricité se déplace à l'intérieur dans ce genre de circuit de façon complètement prévisible. Les ingénieur·es exploitent cette prévisibilité du comportement des électrons pour reproduire les opérations fondamentales de calcul. Afin de rendre ces phénomènes plus accessibles, on enseigne souvent l'électronique en s'appuyant sur l'analogie hydro-électrique. Cette analogie compare un circuit électrique à un réseau hydraulique : la tension exprimée en volts équivaut à une pression en bars, et l'intensité en ampères correspond à un débit d'eau en litres/seconde. Dans le contexte de l'analogie hydro-éléctrique, on peut alors dire qu'une résistance se comporte comme un moulin, et un interrupteur comme un robinet.

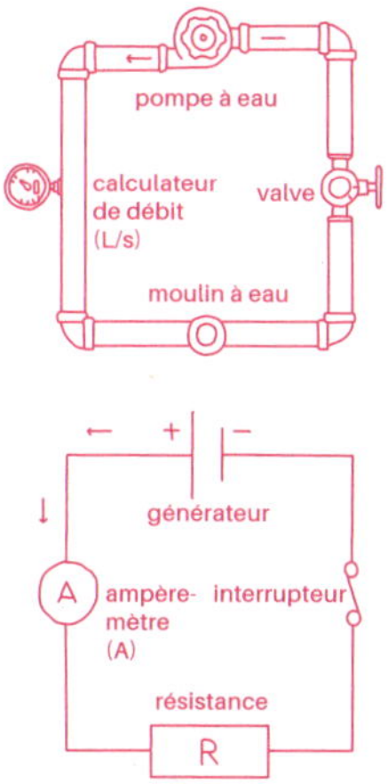

↑ Schéma de fonctionnement d'un circuit hydrolique versus circuit électrique, avec d'un côté la circulation de molécules d'eau et de l'autre la circulation d'électrons.

Cette analogie permet de rendre tangible le mouvement invisible et souvent très abstrait des électrons dans un circuit électronique en mobilisant un imaginaire que nous maitrisons toustes assez bien. En donnant une image concrète à l'écoulement des électrons, l'analogie hydro-électrique nous a véritablement aidé·es à comprendre des concepts qui nous semblaient dans un premier temps aussi abstraits que la métaphysique kantienne.

ORDINATEUR À EAU

En effectuant un certain nombre de recherches autour de l'analogie hydro-électrique, nous avons découvert que certaines architectures hydrauliques pouvaient être capables de se comporter comme des petits ordinateurs analogiques.

Autrement dit avec des tuyaux, des jauges et des robinets, on peut construire assez facilement un dispositif capable de calculer le résultat de quelques opérations simples.

C'est ce qu'a fait l'économiste Bill Phillips en 1949, lorsqu'il a imaginé et fabriqué son MONIAC (Monetary National Income Analogue Computer). Conçu comme un outil pédagogique permettant aux étudiant^e^s de mieux comprendre les flux économiques, cet ordinateur analogique est également considéré comme un très bon calculateur qui permet par exemple d'anticiper les recettes d'un État en fonction de plusieurs paramètres.

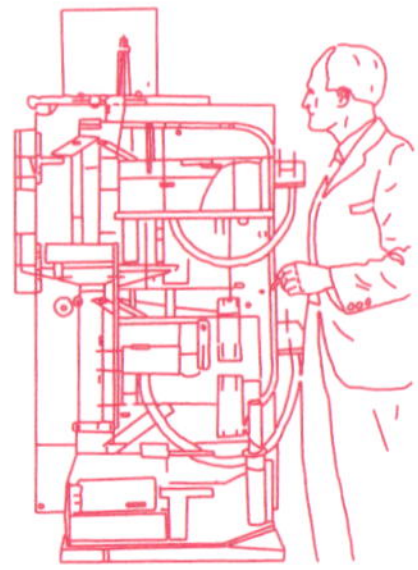

↑ Bill Phillips avec sa machine MONIAC, environ 1958-1967.

Le MONIAC mesure environ 2 mètres de hauteur. Cette machine est composée d'une série de réservoirs, de valves et de tuyaux en plastique transparent fixés contre une planche en bois. Chaque réservoir correspond à un aspect de l'économie nationale britannique et l'eau colorée illustre la circulation d'argent qui se déplace d'un réservoir à l'autre selon la manière dont il est dépensé[50]. L'écoulement de l'eau est automatiquement régulé par un ingénieux système de flotteurs et de contrepoids.

50 Ici la notion de flux économique prend tout son sens.

À la différence des ordinateurs numériques dont la précision est évidemment bien supérieure, ce type de machine hydraulique a l'avantage de matérialiser d'une manière très didactique les flux d'information. Ces ordinateurs complètement analogiques sont des formes de machines-sculptures qui rappellent à la fois les installations pédagogiques des musées scientifiques et les sculptures de Jean Tinguely[51].

51 Voir Jean Tinguely et Niki de Saint Phalle, *Fontaine Stravinsky*, 1983, Centre Georges-Pompidou.

Avec un peu d'imagination, on peut visualiser une machine à écrire Selectric qui utiliserait un réseau de tuyaux à la place d'un *whiffletree* pour encoder les informations alphanumériques. Cette machine pourrait être couplée à un système d'imprimante qui fonctionnerait lui-même de manière hydraulique. On obtiendrait alors une machine d'écriture aquatique capable de donner au flot de la pensée une expression à la fois fluide et saccadée. Un appareil qui serait sans doute idéal pour écrire les fictions, les poèmes et les futurs manifestes hydrofeministes[52].

52 Voir Astrida Neimanis, « Hydrofeminism: Or, On Becoming a Body of Water », *Undutiful Daughters: New Directions in Feminist Thought and Practice*, ed. Henriette Gunkel, Chrysanthi Nigianni et Fanny Söderbäck, New York, Palgrave Macmillan, 2012.

EXTRAIRE, AGRANDIR ET COMPRENDRE LE FONCTIONNEMENT DU WHIFFLETREE

Lorsque nous avons voulu comprendre concrètement comment fonctionnait le mécanisme du *whiffletree* à l'intérieur de notre machine à écrire, nous nous sommes heurté·es à une véritable difficulté. La seule piste que nous avons trouvée est une vidéo sur la plateforme YouTube[53] qui reproduit en 3D les mouvements de cette pièce pour expliquer aux collectionneur·euses de Selectric comment la réparer. Nous avons regardé ces images en boucle sans parvenir à véritablement intégrer le fonctionnement de ce dispositif.

53 Bill Hammack, *The Whiffletree: A mechanical digital-to-analog converter*, vidéo, https://www.youtube.com/watch?v=G_SC7oWL78A (consulté le 3 avril 2024).

Nous avons alors ensuite fait ce que nous avons l'habitude de faire dans notre atelier face à ce genre de situation. Nous avons réalisé une petite maquette en carton gris avec une dizaine d'attaches parisiennes. En actionnant physiquement cette maquette, le mystère qui entourait ce mécanisme d'encodage s'est dissipé en quelques instants. Nous avons alors vécu quelque chose d'extrêmement satisfaisant : un pur moment de dissipation des abstractions scientifiques et technologiques.

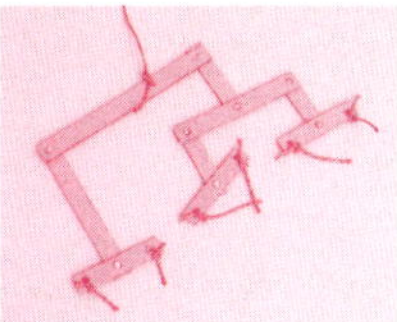

↑ Maquette en carton du *whiffletree*.

La compréhension d'une abstraction, qu'elle soit philosophique ou technique, procure un véritable sentiment de joie. La matérialisation par un schéma manipulable d'un mécanisme permet de dépasser de nombreux blocages conceptuels. Par le contact haptique, quelque chose se libère, une fenêtre s'ouvre et de nouvelles perspectives sont activées.

Il nous semblait logique de partager cette expérience. Nous avons alors eu l'idée d'extraire le *whiffletree* de la Selectric, de schématiser son fonctionnement et d'agrandir ce schéma pour réaliser une sculpture en bois permettant d'actionner manuellement un *whiffletree*. La petite maquette en carton que nous avions réalisée nous a servi de base pour créer un modèle en trois dimensions dans un logiciel de modélisation. Après quelques jours de travail, nous avons réussi à créer un fichier permettant de construire un *whiffletree* en bois actionnable.

FRÖBEL FRÖBELED — AURÉLIEN FROMENT

Dans son exposition organisée au centre d'art du Crédac[54], l'artiste Aurélien Froment propose au public de manipuler dix des vingt dispositifs éducatifs mis au point par Friedrich Fröbel.

54 Aurélien Froment, *Fröbel Fröbeled*, Centre d'art contemporain d'Ivry, le Crédac, 2011.

Selon nous, ce travail met particulièrement en valeur la dimension haptique de la méthode mise au point par le célèbre pédagogue suisse. En effet, dans les jardins d'enfants imaginés par Fröbel, les mains n'étaient jamais statiques. Dans ces institutions, tout était fait pour que les enfants entrent en contact avec la richesse du monde physique en se servant de leurs deux mains. Selon le pédagogue, de cette manière, les enfants peuvent apprendre des concepts d'une très grande complexité à travers une pratique qui engage leur corps et leur sensorialité.

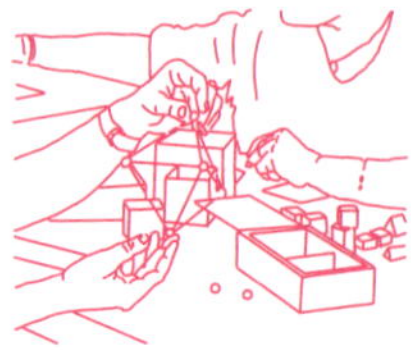

↑ Aurélien Froment, *Fröbel Fröbeled*, détail.

La sculpture *Whiffletree* que nous avons mise au point tente de s'inscrire dans cette forme d'hapticalité didactique proposée par Fröbel et réactivée par Froment. Cette proposition permet au public d'entrer en contact avec un mécanisme qui peut paraître abstrait si on ne l'active pas par soi-même. Notre version agrandie du *whiffletree* est une sorte de maquette logique qui mesure 140 cm de hauteur. Dans le cadre des expositions que nous avons réalisées, cette sculpture est posée sur une table afin que les visiteur·euses puissent la manipuler. Elle se compose de plusieurs tiges de balanciers mobiles que l'on peut faire bouger pour changer l'indication des flèches sur un schéma alphabétique. Le public peut s'emparer d'un petit bloc « 0 » ou d'un grand bloc « 1 » pour changer la combinaison binaire du *whiffletree*.

↑ Vue de l'installation *Whiffletree*, exposition *Exceed your vision*, Galerie D, Fondation Fiminco, 2023.

LE SELECTRIC BUG

Comme nous l'avons vu, la Selectric d'IBM est une machine purement analogique. Bien que la tête d'impression et le mouvement du chariot soient assurés par des moteurs électriques, son fonctionnement est entièrement mécanique. Néanmoins, au cours des années 1960, une petite centaine de machines à écrire IBM ont intégré de manière non officielle des circuits électroniques. L'anecdote vaut la peine d'être racontée.

→ *Whiffletree*, exposition *(s)low art L'art à l'âge des low-tech*, Coopérative Octopus, Paris, 2021-2022.

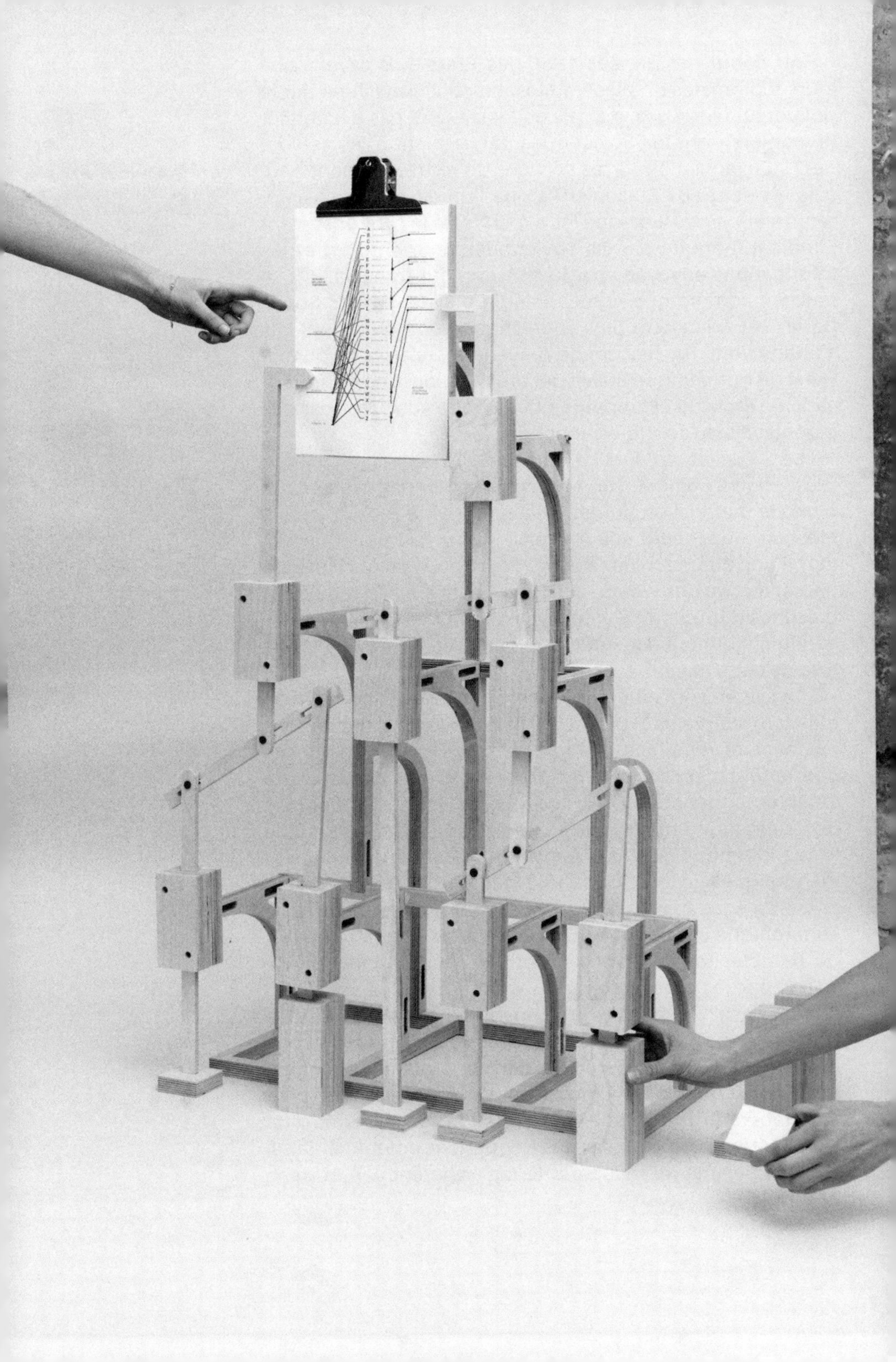

Au début des années 1980, les États-Unis savent que leurs diplomates en place à Moscou sont surveillées par le gouvernement russe, mais ils ne réussissent pas à identifier la manière dont les Soviétiques parviennent à les espionner[55]. En janvier 1983, les services de renseignement français révèlent aux Étasuniennes que l'un de leurs téléscripteurs a été piraté. Lorsque les expertes de la NSA observent l'implant fabriqué par les Soviétiques pour enregistrer les informations envoyées par le téléscripteur français, iels se rendent compte que la technologie utilisée par les Soviétiques est beaucoup plus sophistiquée que ce à quoi iels s'attendaient. Par mesure de prévention, une partie du matériel de bureautique utilisé par leurs diplomates à l'ambassade de Moscou est rapatrié pour le faire ausculter par des ingénieures du contre-espionnage.

Le 23 juillet 1984, Mike Arneson — le technicien chargé de découvrir comment les services d'espionnage russes ont piraté le matériel de bureau de l'ambassade étasunienne à Moscou — découvre une anomalie au niveau de l'interrupteur d'une des machines à écrire Selectric. Il a alors l'idée de passer aux rayons X cette machine à écrire, et il découvre la présence d'un circuit électronique dissimulé dans une barre en aluminium qui constitue une partie de la robuste structure de cette machine.

Le système inventé par les services secrets soviétiques était tout simplement génial et très difficilement détectable. Iels avaient remplacé l'intégralité des tiges en métal qui permettent d'actionner le *whiffletree* des machines à écrire Selectric en fonction de la touche enclenchée. À la place des éléments d'origine, ils avaient inséré des pièces à la forme identique dont l'extrémité en métal était hautement magnétique. Ensuite, dans une des barres en aluminium présente sous le clavier, ils avaient dissimulé un système électronique qui permettait, à l'aide de six magnétomètres, de détecter les variations du champ magnétique provoquées par les mouvements du *whiffletree*. Ces variations étaient ensuite encodées en langage binaire sous la forme d'une information en 6 bits. Cette information une fois compressée en 4 bits était stockée dans une mémoire tampon de 32 bits. Lorsque la mémoire tampon était pleine, un petit émetteur radio transmettait l'information sous la forme d'un signal ultrarapide émis sur des fréquences indétectables. Il suffisait ensuite de récupérer le message encodé et de le

55 Crypto Museum, « IBM Selectric Bug », https://www.cryptomuseum.com/covert/bugs/selectric/ (consulté le 15 avril 2024).

décoder en utilisant certaines règles de probabilité pour reconstruire les morceaux du message qui étaient manquants.

Certain·es spécialistes de l'informatique considèrent aujourd'hui ce piratage comme le tout premier enregistreur de frappe de l'histoire des virus informatiques.

NAISSANCE D'UNE STRUCTURE MACHINIQUE

L'opération d'archéologie que nous avons menée à l'intérieur de la Selectric d'IBM nous a permis d'observer la naissance d'une structure machinique que l'on retrouvera plus tard dans quasiment toutes les imprimantes à jet d'encre. En effet, dans la machine à écrire d'IBM, on peut voir que plusieurs espaces fonctionnels spécifiques commencent à voir le jour. On a d'une part le clavier qui peut être considéré comme l'interface utilisateur·ice. D'autre part on a le système de *whiffletree* que l'on peut considérer comme la zone d'encodage et de traduction. Ensuite on a la zone de l'alimentation et des moteurs qui sert à faire bouger les éléments de la machine. Et, enfin, on à la tête d'impression interchangeable ainsi que la zone de remplissage du papier.

Bien que les imprimantes à jet d'encre soient très différentes des machines à écrire IBM, elles conservent de cette machine une certaine forme d'organisation fonctionnelle. Bien sûr, dans nos appareils d'impression, le *whiffletree* a été remplacé par un circuit électronique sophistiqué et la boule typographique est devenue une tête d'impression embarquant un réservoir d'encre, mais malgré cela on reste dans le même type de structure technologique que celle qui a été imaginée par les ingénieur·es d'IBM dans les années 1960.

LE RETOUR DES MACHINES À ÉCRIRE

Dans son article intitulé « Pourquoi la révolution des machines à écrire est-elle nécessaire dans les bureaux[56] ? », le journaliste Kris De Decker propose une combinaison entre des outils mécaniques et des outils numériques comme alternative à notre matériel de bureau énergivore. Selon lui, l'utilisation des technologies mécaniques en parallèle des technologies numériques réduirait considérablement notre consommation d'énergie.

56 Kris De Decker, « Pourquoi la révolution des machines à écrire est-elle nécessaire dans les bureaux ? Pouvons-nous entièrement repenser le matériel de bureau en combinant les meilleurs outils mécaniques et numériques ? », trad. Alicia Bonnet, *Low Tech Magazine*, 22 novembre 2016, https://solar.lowtechmagazine.com/fr/2016/11/why-the-office-needs-a-typewriter-revolution (consulté le 3 juin 2024).

Une machine à écrire pourrait selon De Decker être combinée à une tablette basse consommation à la place d'un ordinateur portable et d'une imprimante. Certains outils *low-tech* permettent déjà ce genre de combinaison entre différents media. Les machines à écrire électroniques telles que la Freewrite par exemple permettent de taper du texte de manière déconnectée tout en étant équipée d'un écran électronique de 5 pouces.

Du côté de la communauté de *makers* ou *hackers,* certaines ont utilisé la Selectric comme imprimante *low-tech* connectée à leur ordinateur[57]. Il suffit d'ajouter une série de 16 solénoïdes aux leviers du *whiffletree* ainsi que des petites électrovannes connectées à une carte Arduino pour pouvoir taper-imprimer un texte à partir de son ordinateur. De ce fait, la Selectric *hackée* comme périphérique à l'imprimante pourrait être une alternative beaucoup moins consommatrice en énergie et en encre qu'une imprimante à jet d'encre ou laser.

Dans une perspective plus large, il nous semble important de garder une mémoire du fonctionnement technique de ces ordinateurs analogiques qui ont précédé les cartes électroniques. En effet, si dans un futur proche — pour des raisons énergétiques ou matérielles —, il devenait impossible de construire ou d'utiliser des ordinateurs numériques, nous pourrions puiser dans cet imaginaire technologique pour inventer de nouvelles machines *low-tech* capables de calculer des opérations dont la complexité excède nos compétences cognitives.

57 Voir par exemple la vidéo d'Alnwlsn, *Linux on a 70's Typewriter IBM Selectric II Teletype Conversion*, https://www.youtube.com/watch?v=1kXnsvYfaF4 (consulté le 3 juin 2024).

→ *Whiffletree*, détail du tableau d'affichage du résultat des combinaisons obtenues lors de l'encodage du *whiffletree*, exposition *Exceed your vision*, Galerie D, Fondation Fiminco, 2023.

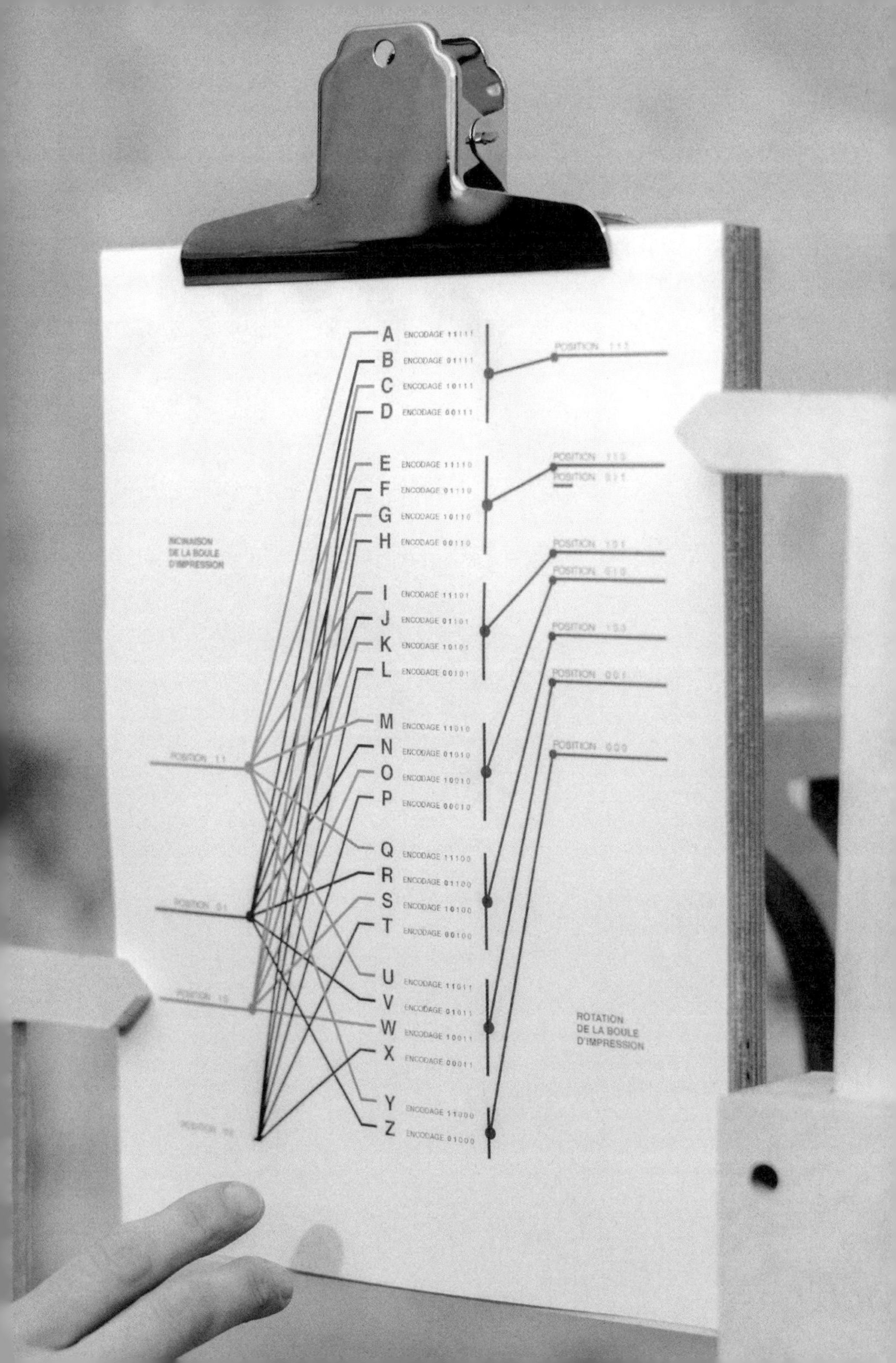
A ENCODAGE 11111
B ENCODAGE 01111
C ENCODAGE 10111
D ENCODAGE 00111
E ENCODAGE 11110
F ENCODAGE 01110
G ENCODAGE 10110
H ENCODAGE 00110
I ENCODAGE 11101
J ENCODAGE 01101
K ENCODAGE 10101
L ENCODAGE 00101
M ENCODAGE 11010
N ENCODAGE 01010
O ENCODAGE 10010
P ENCODAGE 00010
Q ENCODAGE 11100
R ENCODAGE 01100
S ENCODAGE 10100
T ENCODAGE 00100
U ENCODAGE 11011
V ENCODAGE 01011
W ENCODAGE 10011
X ENCODAGE 00011
Y ENCODAGE 11000
Z ENCODAGE 01000
INCLINAISON DE LA BOULE D'IMPRESSION
POSITION 11
POSITION 01
POSITION 10
POSITION 111
POSITION 110
POSITION 011
POSITION 101
POSITION 010
POSITION 100
POSITION 001
POSITION 000
ROTATION DE LA BOULE D'IMPRESSION

opération n°3 : identifier les gestes fossiles

Lors de cette opération de recherche, nous avons étudié le vocabulaire de gestes présent dans le manuel d'utilisation et de maintenance de notre imprimante. Ces gestes, nous les avons enregistrés sous la forme de moulages en papier qui constituent une forme d'archive visuelle des quelques derniers savoirs manuels auxquels nos machines font appel pour pouvoir
fonctionner.

9
10
11
12
13
14
15

MANUEL D'UTILISATION DE NOTRE IMPRIMANTE EPSON STYLUS PRO 4900

En 2013, lorsque nous avons acheté notre imprimante Epson, il y avait dans l'emballage en polystyrène qui protégeait notre machine un petit compartiment dans lequel se trouvait logé un manuel d'utilisation multilingue. Nous avons rangé ce document avec la garantie et la facture de notre machine dans une pochette en carton rangée en haut des étagères de notre atelier. Le mode d'emploi de notre Epson a été remisé pendant plusieurs années sans jamais être consulté, jusqu'au jour où notre machine est subitement tombée en panne. Qu'est-ce que notre désintérêt pour ce type d'objet éditorial peut nous dire de notre rapport à la technologie ?

↑ Guide d'utilisation de l'imprimante Epson Stylus Pro 4900.

Les manuels d'utilisation et les modes d'emploi commencent à apparaître au milieu du XIXe siècle. Dans un premier temps, ils servent principalement à expliquer le fonctionnement de certains objets techniques et scientifiques qui commencent à se démocratiser comme les microscopes, les télescopes ou bien encore les premiers appareils photographiques. À partir des années 1930, avec la généralisation du matériel électroménager, ces documents deviennent de plus en plus courants. En effet, juste après la Seconde Guerre mondiale, les foyers occidentaux s'équipent d'un grand nombre de nouveaux objets dont l'usage est parfois compliqué. Il est important d'éduquer une partie de la population pour qu'elle comprenne rapidement comment fonctionnent les machines à laver, les tricoteuses électriques, les machines à café, les télévisions et les tourne-disques.

Les historiens Gil Bartholeyns et Manuel Charpy nous expliquent que le mode d'emploi n'est pas un document comme les autres : en plus d'expliquer le fonctionnement d'une machine, il incarne aussi un nouveau rapport aux objets technologiques[58]. Avec l'avènement de la société de consommation, ces objets autrefois réservés aux expert·es, sont proposés à un large public. Chacun·e doit être capable d'utiliser l'appareil qu'iel vient d'acheter en réalisant quelques réglages simples, ce qui conduira la marque Kodak à déclarer : « Pressez le bouton, nous faisons le reste[59]. »

58 Voir Gil Bartholeyns, Manuel Charpy, *L'Étrange et Folle Aventure du grille-pain, de la machine à coudre et des gens qui s'en servent*, *op. cit.*, p. 32.

59 Il s'agit de la devise de la marque Kodak.

← Vue de l'installation *Gestes fossiles*, exposition *Exceed your vision*, Galerie D, Fondation Fiminco, 2023.

Comme nous l'avons vu dans l'opération n° 1, un certain nombre d'objets vont progressivement développer des interfaces rassurantes. À l'extérieur, les boutons de réglage de l'appareil vont être simplifiés au maximum tandis qu'à l'intérieur, toute la complexité des machines va être dissimulée[60].

60 Voir Vilém Flusser, *Pour une philosophie de la photographie*, *op. cit.*

Dans la continuité de cette réflexion, nous voudrions rappeler qu'il existe toujours simultanément deux types de manuels d'utilisation pour un même objet. En effet, pour chaque objet technique, il existe un mode d'emploi exhaustif et complexe dédié aux ingénieur·es et un mode d'emploi partiel et simplifié dédié aux utilisateur·ices. Cette séparation des modes d'emploi réalise une distribution plus ou moins consciente de l'accès à l'information. En d'autres termes, elle produit une division non égalitaire des savoirs.

Le manuel d'utilisation n'est par conséquent pas un objet aussi neutre qu'il y paraît. Il est une actualisation publiée d'un certain régime de savoir dans lequel les expert·es et les utilisateur·ices ne font pas connaissance de la même manière avec les objets qu'iels manipulent.

WHOLE EARTH CATALOG

Le *Whole Earth Catalog*[61] édité par l'éditeur Stewart Brand à la fin des années 1960 est un des objets éditoriaux les plus emblématiques de la contre-culture étasunienne. Comme son nom l'indique, il s'agit d'un grand catalogue qui répertorie les outils, les savoir-faire, les connaissances et les livres qu'il est nécessaire de posséder pour changer le monde. Dans cette publication on trouve pêle-mêle les ouvrages de l'architecte Richard Buckminster Fuller, une explication de l'évolution des espèces selon les théories du biologiste D'Arcy Thompson, des réflexions autour de la pratique du tantrisme, ou encore des plans pour faciliter la construction d'un tipi.

61 Stewart Brand, *Whole Earth Catalog*, catalogue, 1968-1972.

↑ *Whole Earth Catalog*, automne 1968.

Lorsque l'on regarde de près cette publication — qui est sous-titrée *Access to tools* —, on se rend compte que le *Whole Earth Catalog* peut se lire comme un grand répertoire des manuels d'émancipation disponibles cette année-là. Autrement dit, pour la modeste somme de 5 $, l'édition de l'automne 1968 propose à sa·on lecteur·ice une sorte de méta-mode d'emploi pour interagir avec notre planète Terre. Il a beaucoup été dit que la démarche méta proposée ici par

62 Caroline Maniaque, *L'Aventure du Whole Earth Catalog*, Paris, Les productions du Effa, 2021.

le visionnaire Stewart Brand avait anticipé la naissance du web et de ses moteurs de recherche[62]. Dans cette perspective pourrait-on dire que Google ou Qwant sont en réalité les manuels d'utilisation de notre époque ?

Dans de nombreux cas, nous utilisons les moteurs de recherche à notre disposition sur internet pour résoudre des problèmes de notre quotidien. Comment nettoyer le filtre de mon aspirateur ? Comment construire un robot cartésien ? Comment dessiner en perspective ? Voilà certaines des requêtes que nous avons l'habitude d'adresser à notre ordinateur pour qu'il nous fournisse une réponse éclairante. À travers nos écrans connectés, nous avons accès à un gigantesque mode d'emploi dont les ramifications tentaculaires sont à même de résoudre les problèmes les plus anecdotiques.

Nous sommes presque arrivés au point où la densité des informations accessibles depuis le web équivaut à la complexité des problèmes que nous rencontrons dans la vraie vie. Que se passe-t-il lorsqu'un objet devient aussi complexe que son mode d'emploi ? Ou, pour le dire autrement, que se passe-t-il lorsque la réalité d'un objet et sa description pratique ont un égal degré de complexité ?

FIX-IT-YOURSELF MANUAL

Parmi les livres recommandés par Stewart Brand dans le fameux *Whole Earth Catalog*, on trouve le très célèbre *Fix-It-Yourself Manual. How to repair, clean, and maintain anything and everything in and around your home*[63]. Il s'agit d'un impressionnant manuel de réparation des objets du quotidien publié par le Reader's Digest en 1977. Dans ce livre qui ressemble à un vaste répertoire de modes d'emploi, on trouve de nombreuses illustrations qui expliquent comment ajuster la température de son fer à repasser, comment remplacer la résistance chauffante de son moule à gaufres ou bien encore, comment repérer un dysfonctionnement dans le système de refroidissement de sa voiture. À travers des vues en éclaté, des schémas fonctionnels et des photographies explicatives, chaque double page explique avec une grande clarté tout ce qu'il faut savoir pour interagir avec les objets du quotidien.

63 *Fix-It-Yourself Manual. How to repair, clean, and maintain anything and everything in and around your home*, Pleasantville, Reader's Digest, 1977.

D'un point de vue visuel, le *Fix-it-yourself manual* est d'une rare beauté. L'architecture logique de la mise en page, la hiérarchie typographique, la clarté des schémas et même l'esthétique brute des photographies font de ce livre un monument de l'histoire de l'édition. On trouve par exemple à la page 337 un superbe tableau logique intitulé « *What can go wrong* » qui permet à la·e lecteur·ice d'identifier les causes potentielles du dysfonctionnement d'un moteur thermique. Ce tableau à double entrée met en relation les anomalies de fonctionnement observables — température inhabituelle du moteur, dégagement de fumée noire, ou encore bruit strident au niveau de la courroie de transmission — avec les causes probables qui sont à l'origine du problème — panne du thermostat, joint de culasse défectueux, mauvais réglage du carburateur.

↑ *Fix-It-Yourself Manual. How to repair, clean, and maintain anything and everything in and around your home.*

Ce tableau synthétique devait procurer aux lecteur·ices des années 1970 un profond sentiment de sécurité. Dans cette bible de la réparation, le monde des objets paraît si simple : chaque panne peut être résolue facilement. À quel moment de notre histoire les objets nous ont-ils échappé des mains pour devenir des choses dont seul·es quelques expert·es peuvent comprendre le fonctionnement ?

EXPÉRIENCE DE FICELLE

La ficelle est un objet d'origine végétale qui se décompose très vite une fois abandonné. De ce fait, les archéologues ne trouvent pratiquement jamais de reste de ficelle lorsqu'iels fouillent un site ancien. Nous n'avons donc pas d'information fiable pour déterminer avec précision le début de l'usage de cet objet dans l'histoire de l'humanité. Malgré cela, on peut penser que tresser une ficelle n'est pas beaucoup plus complexe que de fabriquer un biface. Il y a donc fort à parier que les humain·es du Néolithique utilisaient déjà ce genre de lien pour attacher les choses entre elles. Fabriquer une ficelle avec ses mains pourrait bien faire partie des gestes les plus anciens de notre espèce.

Dans son livre *Faire. Anthropologie, archéologie, art et architecture*[64], l'anthropologue Tim Ingold raconte la manière avec laquelle il a tenté d'étudier ce que c'est qu'une ficelle. Au cours d'un atelier expérimental, Ingold propose à un groupe d'étudiant·es d'essayer de fabriquer de la ficelle à

64 Tim Ingold, *Faire. Anthropologie, archéologie, art et architecture*, trad. Hervé Gosselin, Bellevaux, Dehors, 2017.

partir de fibre végétale en utilisant uniquement leurs mains. L'opération consiste, dans un premier temps, à obtenir des brins très fins de largeur constante, et dans un deuxième temps, à faire rouler ces brins entre ses mains. Dans le récit qu'Ingold fait de cette expérience, on comprend que fabriquer de la ficelle n'a rien d'évident, mais qu'en même temps, lorsque l'on prend le coup de main, on accède à un rapport au monde inédit. À la suite de cet atelier, l'anthropologue tire quatre conclusions qu'il nous semble intéressant de retranscrire ici :

> Qu'est-ce que [la fabrication d'une ficelle] nous a enseigné ? Quatre choses, en fait : 1. la façon dont les mains apprennent à connaître les matériaux, à acquérir un « ressenti » pour elles-mêmes ; 2. la façon de donner un rythme à ces matériaux en répétant les mêmes mouvements — et la façon dont les matériaux, en retour, conservent la trace de leur manipulation — ; 3. la façon dont se solidarisent par nos gestes les forces et les énergies dans les matériaux — c'est-à-dire la façon dont la friction et les torsions opposées leur permettent de se maintenir — ; 4. et la façon dont les matériaux travaillés entrent en correspondance les uns avec les autres[65].

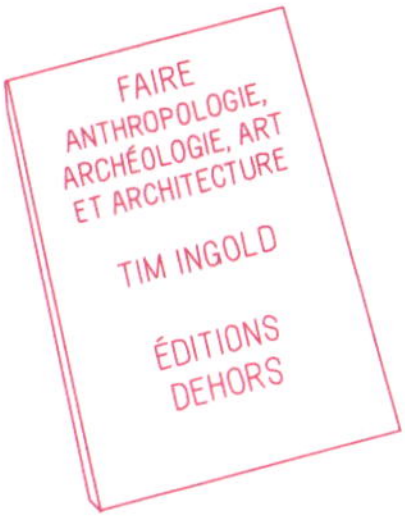

↑ Tim Ingold, *Faire. Anthropologie, archéologie, art et architecture.*

Cette expérience de la fabrication de la ficelle permet à Tim Ingold de réhabiliter, à la suite de l'historien et sociologue Richard Sennett[66], une certaine forme de savoir manuel. La main aurait quelque chose à nous apprendre ; voilà ce que nous rappelle l'anthropologue. Dans la continuité de cette réflexion, Tim Ingold apporte une distinction intéressante entre deux notions a priori assez proches : la « perception » et la « projection[67] ».

Selon l'anthropologue, la *perception* est un mode de rapport au monde qui nécessite un contact direct et *haptique* avec l'objet que l'on cherche à comprendre. À l'inverse la *projection* est un mode de rapport au monde *optique* qui passe par une mise à distance des phénomènes pour mieux les décrire et les analyser. Ainsi les expériences haptiques produisent des informations sous forme de perception alors que les expériences optiques produisent des données sous forme de projection.

Tim Ingold nous dit aussi que ce serait une erreur de considérer que les opérations haptiques/perceptives se-

65 *Ibid.*, p. 250.

66 Voir Richard Sennett, *Ce que sait la main. La culture de l'artisanat*, trad. Pierre-Emmanuel Dauzat, Paris, Albin Michel, 2010.

67 Tim Ingold, *Faire*, *op. cit.*, p. 264.

raient uniquement reliées aux mains et au sens du toucher tandis que les opérations optiques/projectives seraient quant à elles simplement liées au regard et aux organes de vision. Selon lui, même si cela peut paraître un peu contre-intuitif, il existe des manières haptiques et perceptives de regarder le monde avec ses yeux et une manière optique et projective de toucher la réalité avec ses mains. Pour illustrer cette idée, il nous suffit de penser au regard englobant de lae puériculteurice qui garde plusieurs enfants en même temps : ce regard est clairement haptique et perceptif. À l'inverse, le touché froid et médical lors de l'examen du corps d'un malade par une médecin est une forme de toucher optique et projectif[68].

FOND GESTUEL ET TECHNOGÉNÈSE

Dans un manuel d'utilisation, certains gestes sont décrits avec précision pour permettre à l'utilisateurice de les performer avec justesse. Ce type de littérature technique s'appuie sur nos aptitudes manuelles pour nous faire réaliser des opérations de maintenance et des gestes de réparation. Étant donné que nous savons toustes, à peu près, dévisser, décapsuler, perforer, gratter, nettoyer, cureter, ou bien encore mélanger, nous sommes toustes en mesure de réaliser quelques tâches basiques pour entretenir nos appareils technologiques.

Le paléontologue André Leroi-Gourhan a introduit la notion de « fond gestuel[69] » pour décrire ce savoir manuel que nous détenons toustes quelque part en nous. Dans *Le Geste et la Parole*, il démontre que les progrès techniques et cognitifs réalisés par les premiers êtres humains se sont beaucoup appuyés sur ce « réservoir de gestes[70] » dont disposaient les premières communautés de chasseureuses-cueilleureuses. En d'autres termes, l'imaginaire manuel et gestuel aurait pu jouer un rôle prépondérant dans l'émergence de certaines formes de raisonnement, dans le développement du langage, et dans l'invention de certains outils techniques chez les premiers *Homo sapiens*.

Selon Leroi-Gourhan, l'évolution biologique et cognitive des humaines de la Préhistoire jusqu'à nos jours peut être comprise comme un long mouvement d'extériorisation de

68 *Ibid.*, p. 265.

69 André Leroi-Gourhan, *Le Geste et la Parole, tome 2. La mémoire et les rythmes*, Paris, Albin Michel, 1965, p. 42.

70 *Ibid.*, p. 43.

↑ André Leroi-Gourhan, *Le Geste et la Parole, tome 2. La mémoire et les rythmes.*

certaines de nos fonctions organiques et intellectuelles vers des outils, des instruments et des mécanismes complexes. Ainsi, l'apparition de la cuisson des aliments à l'aide du feu peut être envisagée comme une externalisation de certaines de nos fonctions digestives[71].

Dans la continuité de cette idée, la chercheuse Katherine Hayles s'appuie sur la notion de « technogenèse[72] » pour décrire l'émergence des technologies au cours des derniers siècles. Selon elle, la technogenèse — un peu à la manière de la mutation organique — évolue en fonction du milieu sociopolitique dans lequel elle se trouve. Cette évolution ne se fait donc pas de manière indépendante, mais en symbiose avec le développement de l'espèce humaine. Elle nous dit que l'ontogenèse humaine et la technogenèse des machines sont deux phénomènes intriqués qui s'auto-influencent en permanence. Il n'y a pas d'un côté des humain·es qui deviennent plus intelligent·es et de l'autre des machines qui se perfectionnent — il y a une infinité de boucles de rétroaction qui synchronisent et mutualisent l'évolution de ces deux entités sur le long terme.

71 *Ibid.*, p. 50-51.

72 N. Katherine Hayles, *Lire et penser en milieux numériques. Attention, récits, technogenèse* [2012], trad. Christophe Degoutin, Grenoble, UGA éditions, 2016.

APPAUVRISSEMENT DU FOND GESTUEL

André Leroi-Gourhan nous dit que si nous extériorisons une trop grande quantité de nos gestes vers des objets technologiques nous risquons de perdre un peu de notre imagination manuelle.

Par exemple, en transposant les gestes qui permettent le filage du coton vers des machines industrielles, les humain·es ont libéré ce type de production des contraintes physiologiques et mécaniques que faisait peser sur elleux le métier à tisser. Malheureusement, cette opération nous a fait perdre en retour une partie du répertoire de gestes qui était associé à cette pratique du filage.

Dans une vision finalement assez sombre de l'évolution de notre espèce, Leroi-Gourhan semble vouloir nous alerter à propos de ce genre de perte irrémédiable. Selon lui, nous devrions porter plus d'attention à la qualité de notre « fond gestuel[73] » en le considérant comme une ressource précieuse. Sans ce fond gestuel, serons-nous capables de nous adapter aux prochains défis évolutifs qui se présenteront à nous ?

73 André Leroi-Gourhan, *Le Geste et la Parole, tome 2. La mémoire et les rythmes*, *op. cit.*, p. 265.

↓ Traduction en volume (papier de soie et argile) d'un schéma du manuel de l'imprimante Epson Stylus Pro 4900, 2023.

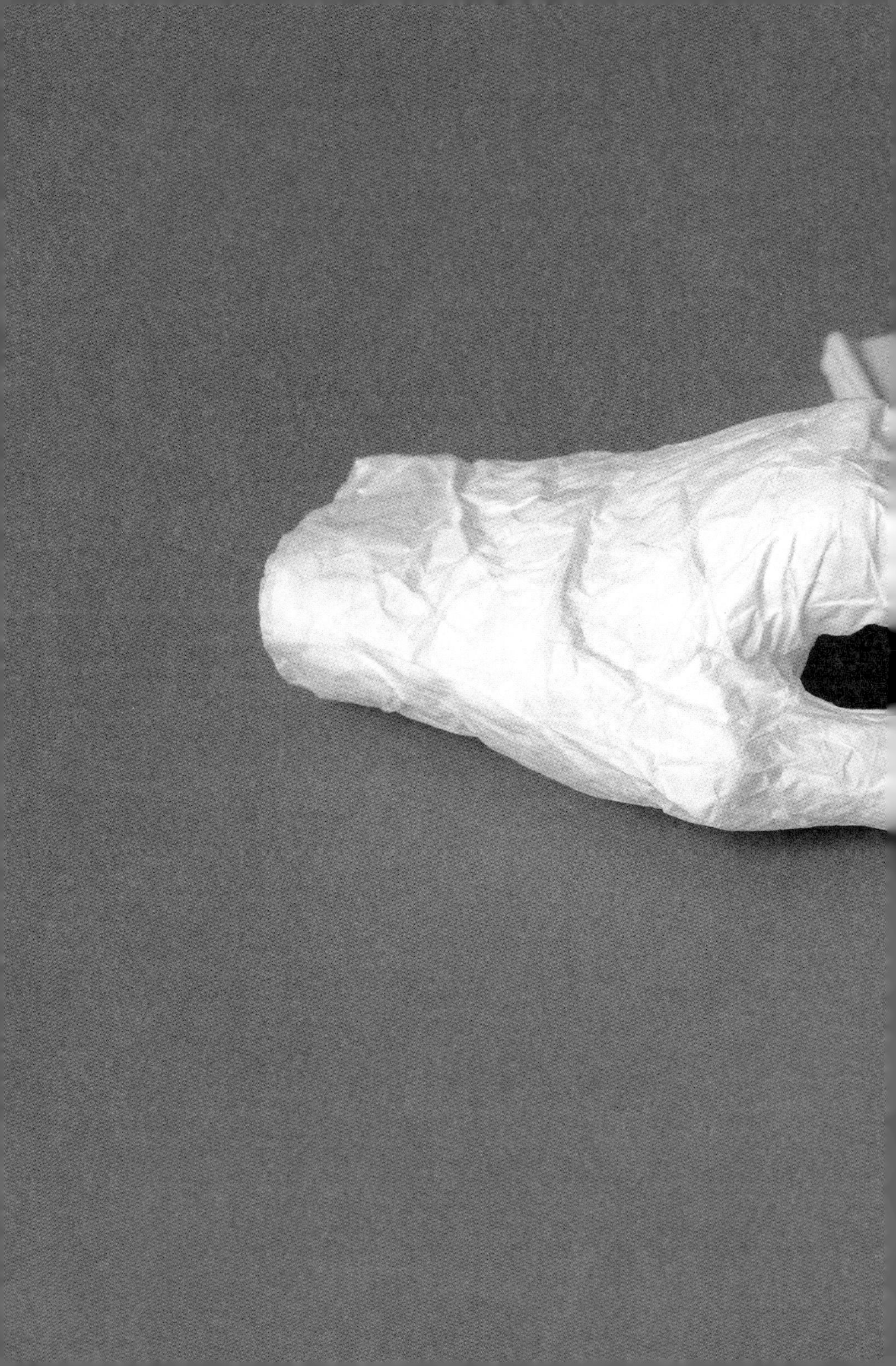

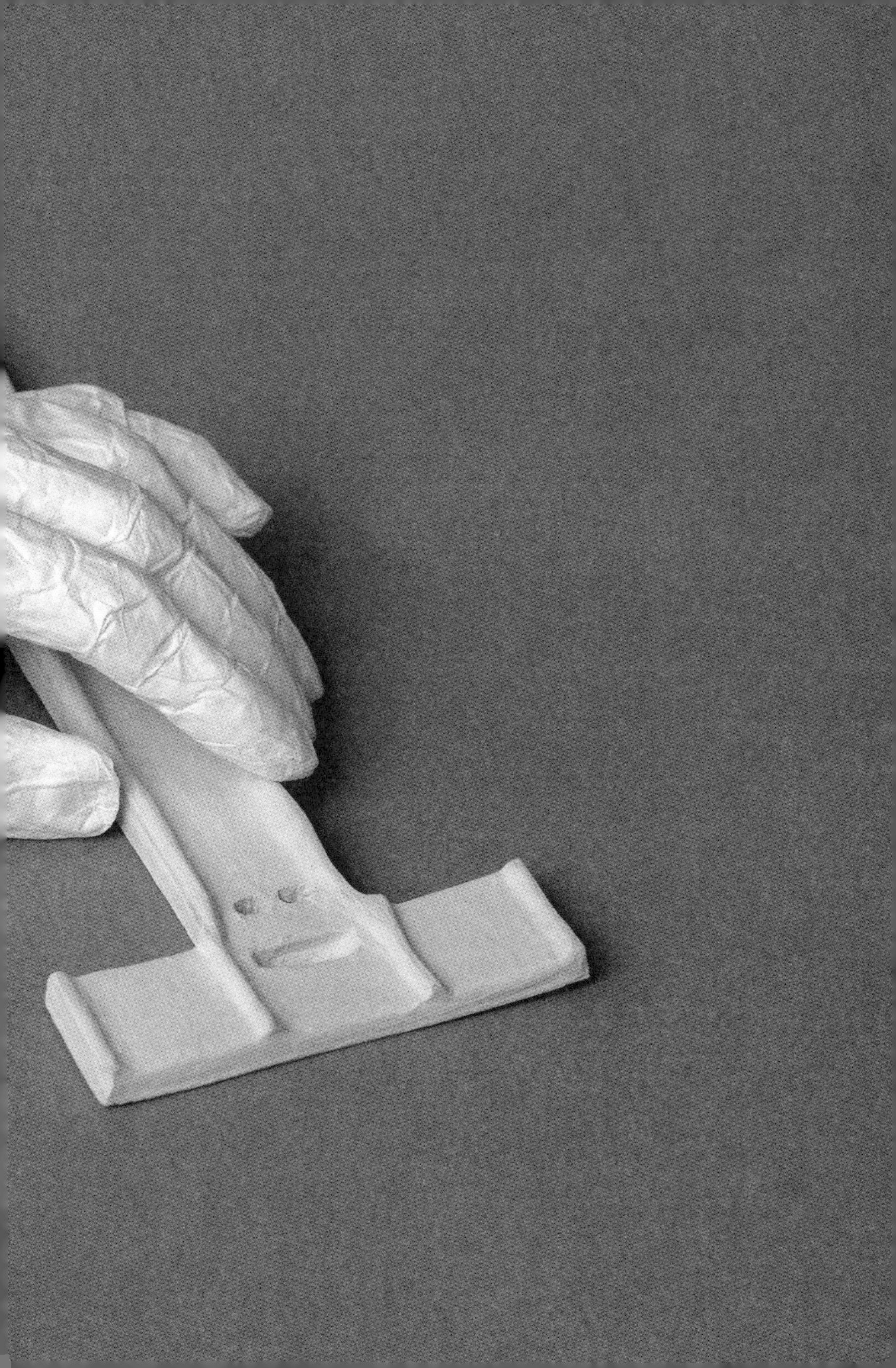

Leroi-Gourhan écrit que notre « déculturation technique » constitue une « régression de la main » qui équivaut à amputer une partie de la pensée humaine de sa capacité à se « saisir » efficacement du réel qui l'entoure[74].

Quel type de vocabulaire de gestes pourrons-nous mobiliser lorsque la survie de notre espèce sera confrontée à des problèmes inédits dans les prochaine décennies ? Sans un imaginaire manuel de bonne qualité, disposerons-nous de suffisamment de créativité pour prendre en main les situations problématiques que nous rencontrerons ? Que nous restera-t-il lorsque nous ne saurons plus rien faire de nos dix doigts ?

74 *Ibid.*, p. 265.

LA PRÉSENCE DES MAINS DANS LE MANUEL DE NOTRE IMPRIMANTE

La lecture de Tim Ingold couplée à celle d'André Leroi-Gourhan nous a permis de changer le regard que nous portions sur le mode d'emploi de notre imprimante à jet d'encre. En regardant attentivement ce document, nous nous sommes rendu compte qu'il contenait très peu de gestes manuels décrits.

Nous nous sommes alors amusé·es à répertorier l'intégralité des schémas qui mettaient en scène les mains de l'utilisateur·ice lors d'un geste de maintenance ou de réparation. Nous avons ainsi trouvé dix-sept schémas sur les 192 pages du manuel. Selon nous, cela dit beaucoup de la pauvreté du vocabulaire de gestes dont nous disposons pour interagir avec nos machines.

Malgré tous les efforts mobilisés par les entreprises qui fabriquent des objets technologiques pour minimiser les gestes de l'utilisateur·ice, l'usage d'une imprimante nécessite encore quelques résidus de manipulation qui impliquent le corps. Charger une ramette de papier, changer une cartouche d'encre ou bien ajuster la réglette du bac d'alimentation, sont des gestes qui n'ont pas encore pu être complètement pris en charge par la machine.

Ces derniers résidus de gestes sont tous très simples et ils ne demandent aucune forme d'habileté ou de précision particulière. Ce sont des gestes basiques qui ne nécessitent quasiment pas de formation pour être acquis et ils peuvent être performés dès le plus jeune âge.

Nous avons voulu garder une archive de ces quelques gestes qui ont réussi à survivre à la très vaste entreprise d'automatisation des savoir-faire manuels qu'ont constituée les différentes révolutions industrielles. Nous avons voulu fabriquer un modeste monument pour rendre hommage à ces derniers savoir-faire manuels que nous devons encore maîtriser pour interagir avec nos machines.

ARCHIVE VISUELLE

Nous avons eu l'idée de réaliser un moulage en papier de chacun des dix-sept gestes qui étaient décrits sous la forme d'un schéma à l'intérieur du mode d'emploi de notre imprimante. Pour faire cela, nous nous sommes efforcé·es de rejouer chacun de ces gestes pour comprendre en profondeur leur signification. Nous avons ensuite pris leur empreinte en papier et nous avons réalisé en argile une réplique du support sur lequel ces gestes prenaient appui.

Les empreintes ont été réalisées directement sur nos mains à l'aide de petites bandes de papier de soie[75] qui, collées les unes aux autres sur plusieurs couches, constituent une sorte de momification de chaque geste. Après un temps de séchage, une légère entaille dans le moulage permet d'extraire la main de son double en papier. Cette empreinte en négatif devient l'enregistrement définitif du geste mimé.

75 Nous avons utilisé pour cela des chutes de papier de soie récupérées dans l'imprimerie Idem Paris.

↑ Vue de l'installation *Gestes fossiles*, exposition *Exceed your vision*, Galerie D, Fondation Fiminco, 2023.

Une fois ce travail réalisé, nous avons obtenu une curieuse collection. Nous avons obtenu une sorte d'archive gestuelle qui ressemble à une série de schémas techniques mis en volume. Nous avons alors constaté que ces quelque dix-sept gestes nous étaient finalement très familiers. Le chargement d'une ramette en papier dans un bac ressemble de près à la manière dont on glisse un vêtement plié dans le tiroir d'une armoire. Le curetage de certaines pièces en caoutchouc est presque identique au geste qui permet de se nettoyer les oreilles avec un coton-tige. Ces gestes, bien que très pauvres, nous avons l'habitude de les mobiliser relativement souvent. Ils font partie des derniers gestes qui constituent notre fond gestuel.

Les dix-sept gestes que nous avons traduits en volume ressemblent à des gants de papier dans lesquels chacun·e

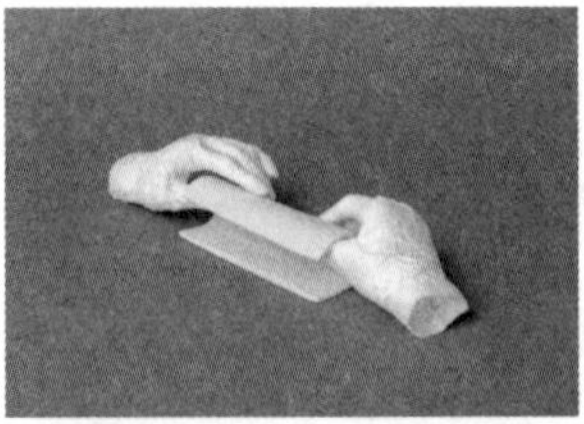
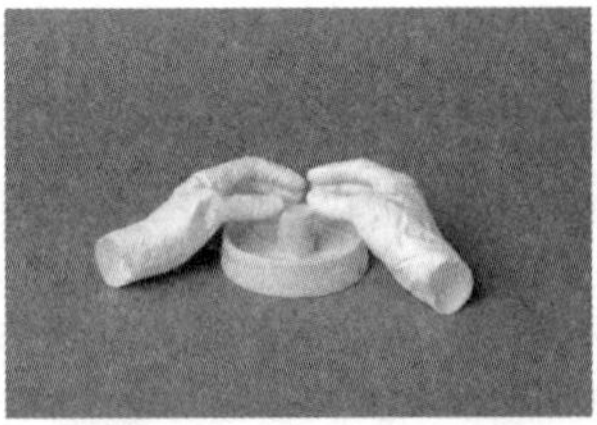
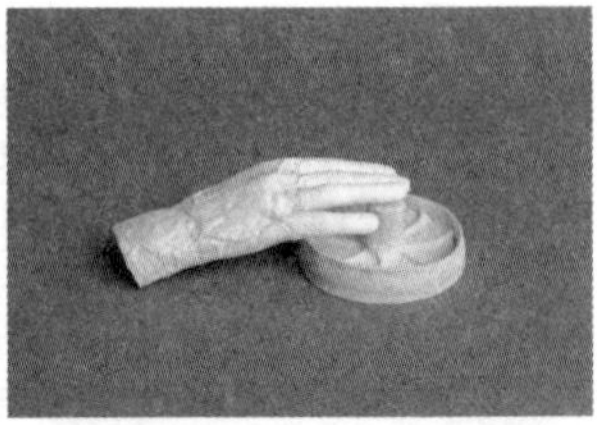
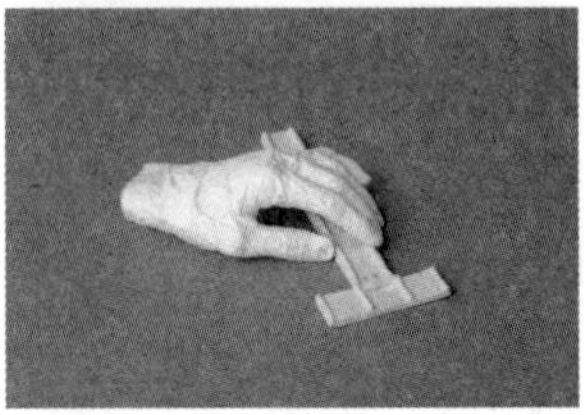
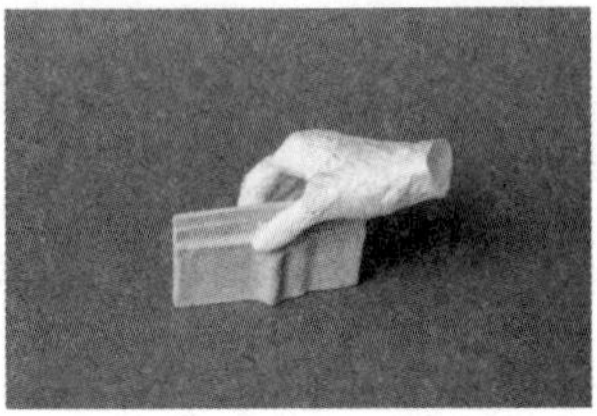
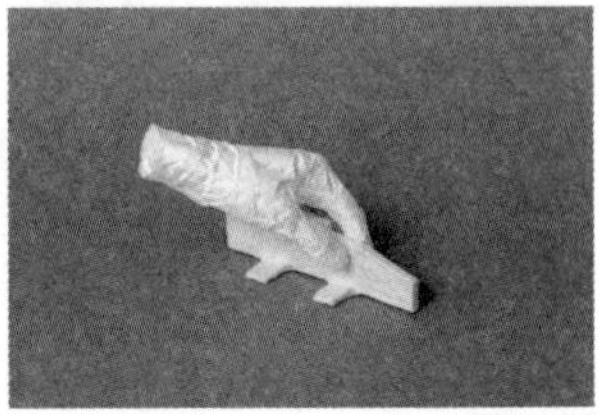

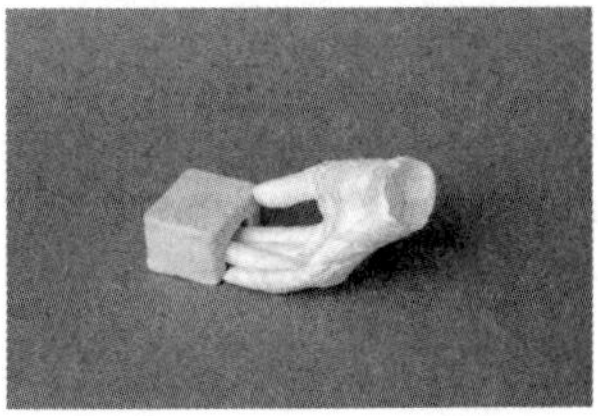
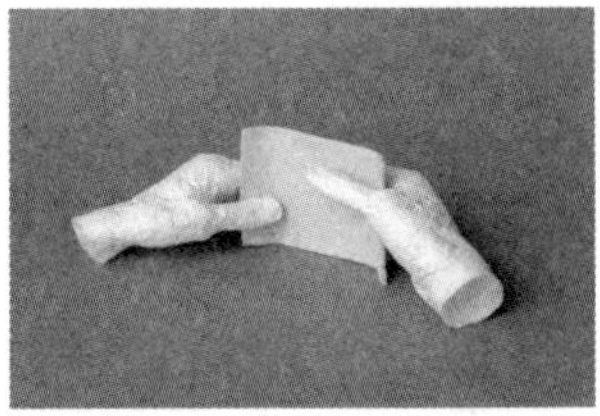
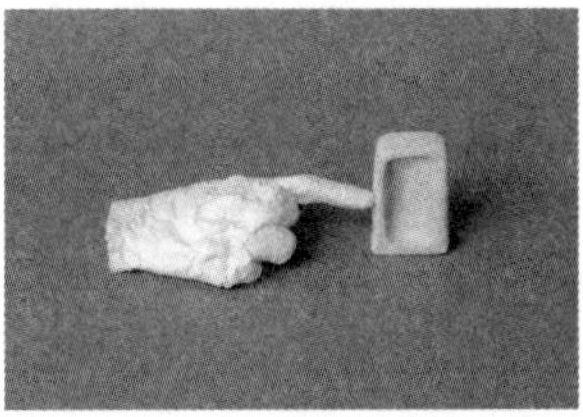
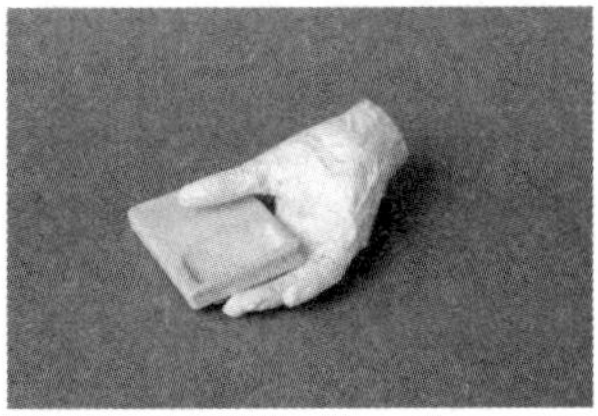
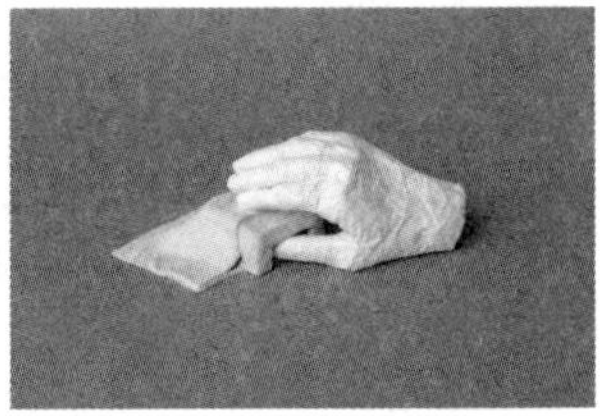

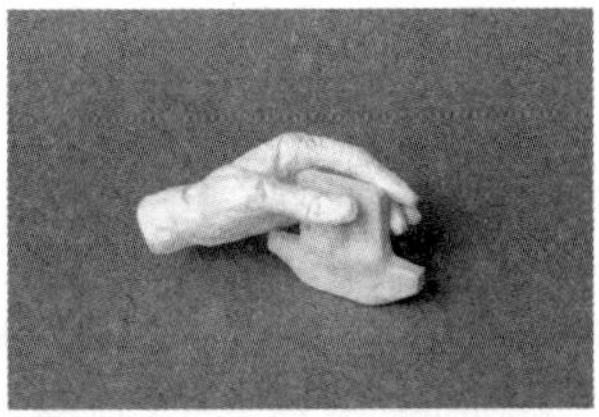
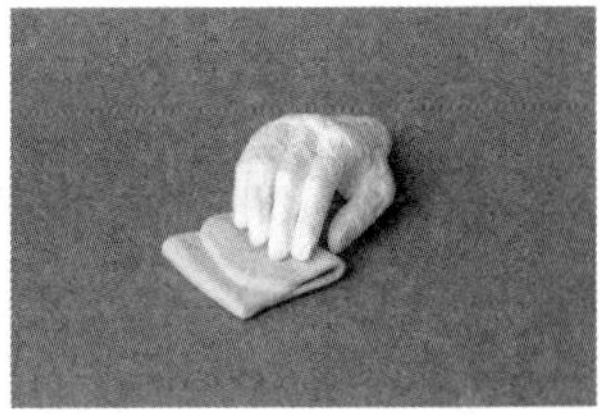

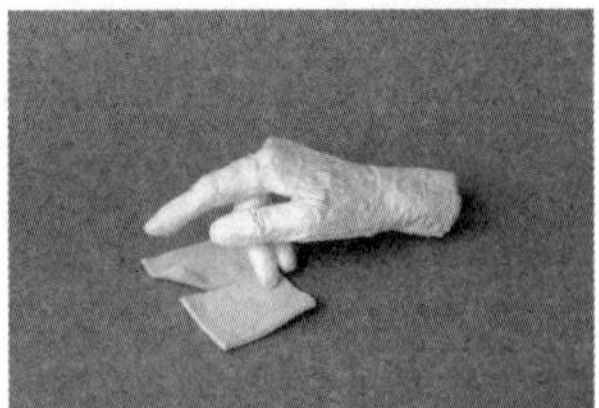

d'entre nous pourrait glisser les doigts. Les choix formels que nous avons réalisés pour mener à bien cette opération de recherche donnent à ces dix-sept gestes une dimension à la fois universelle et fragile. Une attention un peu plus soutenue permet de se rendre compte que ces gestes ne laissent qu'une faible marge d'interprétation aux utilisateur·ices qui décident de les performer. Autrement dit, non seulement notre répertoire de gestes s'appauvrit, mais en plus, les derniers gestes que nous sommes encore invité·es à réaliser ne peuvent pas facilement être réinventés.

CURIEUX RITUELS

Dans leur livre *Curious Rituals*[76], les chercheur·euses Nicolas Nova, Katherine Miyake, Nancy Kwon et Walton Chiu nous proposent de réfléchir aux gestes étranges que nous avons développés avec l'apparition de nouvelles technologies. Pour ces chercheur·euses, il s'agit de comprendre comment nous en venons à imaginer de nouvelles postures, de nouveaux gestes et de nouveaux mouvements qui nous aident à interagir avec nos smartphones, nos ordinateurs et nos imprimantes.

76 Nicolas Nova, Katherine Miyake, Nancy Kwon, Walton Chiu, *Curious Rituals. Gestural Interaction in the Digital Everyday*, Los Angeles, Near Future Laboratory, 2012.

À travers des dessins articulés à différentes modalités de texte, le livre permet aux lecteur·ices de comprendre la manière dont les objets technologiques sont progressivement domestiqués par le corps de leur utilisateur·ice. Cette démarche d'anthropologie visuelle fonctionne comme un étrange miroir qui nous renvoie soudainement une image de nous-mêmes assez déroutante. Nous pouvons en effet toustes nous reconnaître dans l'absurdité de ces petites stéréotypies gestuelles qui nous permettent de vivre avec cette nouvelle catégorie d'objet. Pourquoi secouons-nous notre téléphone portable lorsque nous ne captons plus de réseau ? Pourquoi soufflons-nous à l'intérieur de la prise USB lorsqu'un disque dur externe n'est pas repéré par notre ordinateur ? Pourquoi retournons-nous notre smartphone sur la table lorsque nous sommes en train de déjeuner ? Qu'est-ce que tous ces curieux rituels disent de notre relation aux appareils connectés ?

← Traduction en volume (papier de soie et argile) des schémas du manuel de l'imprimante Epson Stylus Pro 4900, 2023.

Le travail autour des *Curious Rituals* fait écho à certaines des enquêtes menées par l'artiste Julien Prévieux. À partir de 2006, il explore les archives de l'agence United States

Patent and Trademark Office (USPTO). Il se rend compte qu'à l'intérieur de cette archive, plusieurs gestes d'utilisation que nous réalisons quotidiennement ont été brevetés par des industriel·les. Prévieux se rend alors compte que cette captation et cette privatisation de notre répertoire gestuel sont potentiellement une privation de notre liberté de mouvement.

↑ Julien Prévieux, *What shall we do next?*

En réaction à cette situation il a l'idée de faire rejouer par des danseur·euses ce vocabulaire de gestes privatisé par les entreprises qui fabriquent nos appareils numériques[77]. À propos de ce travail de Prévieux, la chercheuse Anaïs Linares souligne que dans cette proposition artistique, la « mise en danse » des gestes qui ont été privatisés par les industriel·les du numérique permet au public de se réapproprier les mouvements qui lui ont été volés[78].

Avec cette installation vidéo, Prévieux réintroduit ces gestes volés dans un circuit culturel. En faisant cela, les gestes d'utilisation ne sont plus simplement des gestes brevetés, ils deviennent aussi des mouvements appartenant à notre histoire collective.

TOUCH SANITATION — MIERLE LADERMAN UKELES

L'artiste Mierle Laderman Ukeles est à l'origine du *Manifesto for maintenance art* (Manifeste pour un art de la maintenance)[79]. Ce texte écrit en 1969 a pour but de mettre en lumière le travail invisibilisé de toustes celleux qui maintiennent en état les structures de notre société. Pour Ukeles, les jardinier·ères qui s'occupent des parcs publics, les bibliothécaires qui rangent les livres, les infirmier·ères qui prennent soin des malades, mais aussi toustes celleux qui font en sorte que les enfants puissent grandir dans un cadre affectif satisfaisant participent activement au bon fonctionnement de nos communautés.

En tant qu'artiste, Ukeles souhaite réhabiliter ce travail de soin et de maintenance qui, bien qu'il soit essentiel à la survie de nos sociétés, est si souvent considéré comme dégradant dans le système de valeur établi par une certaine forme de capitalisme.

Parallèlement à l'écriture de ce manifeste, Ukeles réalise une série de travaux dans laquelle elle rend hommage aux employé·es des services de voirie de la ville de New York : le

77 Julien Prévieux, *What shall we do next? (Sequence #2)*, vidéo, 2014.

78 Anaïs Linares, « Gestes et technologies numériques », *Arts & Sociétés*, n° 113, 2020, https://www.sciences-po.fr/artsetsocietes/fr/archives/4434 (consulté le 12 janvier 2024).

79 Mierle Laderman Ukeles, *Manifesto for maintenance art 1969! Proposal for an exhibition: "CARE"*, Philadelphie, 1969.

↑ Mierle Laderman Ukeles, *Touch Sanitation, Handshake Rituals.*

New York City Department of Sanitation. Parmi ces travaux, *Touch Sanitation*[80] est un projet qui a été réalisé entre 1977 et 1980 et qui fait partie des œuvres emblématiques de l'art conceptuel de cette époque. Dans le cadre de ce projet, elle réalise une performance intitulée *Handshake Rituals*[81] dans laquelle elle entreprend de serrer la main de l'intégralité des éboueur·euses qui s'occupent des cinquante-cinq quartiers de New York. À chacun·e de ces 8500 employé·es, elle dira simplement : « Merci de garder la ville de New York en vie[82]. »

Sur les photographies qui documentent cette performance, on peut voir la confrontation de deux mondes qui se croisent rarement. Le style vestimentaire et l'attitude corporelle de l'artiste tranchent radicalement avec ceux de ces milliers d'employé·es chargé·es de ramasser les ordures d'une des plus grandes villes du monde. Pourtant, malgré cette différence, il se passe quelque chose et l'on sent qu'une forme de relation sincère s'établit entre elle et les éboueur·euses. Une reconnaissance mutuelle a lieu.

Les réflexions pratiques et théoriques d'Ukeles nous invitent à faire diffracter notre regard. Dans la continuité du travail de Carol Gilligan autour de la question du *care*[83], ce genre de projet artistique nous permet de prendre conscience que chacune de nos existences repose sur un réseau d'interdépendances. À travers *Touch Sanitation*, elle tente de faire connaissance avec le tissu d'intrications qui fait que la vie d'un·e artiste comme celle d'un·e banquier·ère et d'un·e agriculteur·ice sont intimement liées à celle d'un·e infirmier·ère, d'un·e bibliothécaire ou d'un·e agent·e chargé·e de collecter les ordures d'une ville comme New York. En ce sens, nous pouvons dire que la démarche de Mierle Laderman Ukeles active à sa manière un mode de connaissance haptique — elle désire toucher et être touchée — pour rendre compte de la profonde complexité du système social dans lequel nous évoluons.

80 Mierle Laderman Ukeles, *Touch Sanitation*, performance, 1977-1980.

81 Mierle Laderman Ukeles, *Touch Sanitation, Handshake Rituals*, performance, 1979-1980.

82 Traduction de l'anglais « Thank you for keeping New York City alive ».

83 Carol Gilligan, *Une voix différente. La morale a-t-elle un sexe ?* [1982], trad. Annick Kwiatek et Vanessa Nurock, Paris, Flammarion, collection Champs essais, 2019.

CRISE DE LA SÉPARATION

Dans son livre *L'Inséparé*[84], le philosophe Dominique Quessada nous dit que nous traversons une « crise de la séparation ». Selon lui, cette crise se caractérise par un effritement des cloisons qui séparaient autrefois un certain

84 Dominique Quessada, *L'Inséparé. Essai sur un monde sans Autre*, Paris, Presses universitaires de France, 2013.

nombre de notions structurantes de l'épistémologie occidentale. Ainsi, nous devons apprendre à vivre dans un monde où l'humain et le non-humain, le naturel et le culturel, le global et le local sont devenus des concepts poreux. Cette nouvelle porosité produit un espace dans lequel nous avons des difficultés à distinguer les contours des phénomènes qui se présentent à nous : le fond et la forme se confondent pour devenir un entremêlement complexe de réalités interdépendantes.

À travers ce raisonnement, Quessada nous invite à prendre conscience du « devenir plan du monde[85] ». Il nous encourage à nous connecter à ce qu'Yves Citton appelle le « fond commun[86] » de relations mutuelles dans lequel nous baignons. Ce grand fond, c'est le réseau de nos interdépendances, le nexus des relations mutuelles que nous tissons quotidiennement avec les plantes, les animaux, les humains et les machines. Dans ce grand entremêlement, nous sommes toustes pris·es dans un tissu relationnel multidimensionnel : une grande toile de fond en quelque sorte.

De son côté, la chercheuse transdisciplinaire Karen Barad s'appuie sur les concepts de la physique quantique pour réfléchir à la nature de notre relation au monde[87]. Dans cette branche de la science, la réalité n'est pas déterminée de manière définitive, mais elle varie en fonction des instruments que l'on mobilise pour l'observer. Ainsi, une même réalité matérielle pourra être soit un élément physique, soit une onde en fonction du type d'expérience à laquelle on l'expose.

Pour Barad, c'est la même chose qui se passe au niveau d'une société. Ce qui a de l'importance pour nous varie en fonction du tissu relationnel avec lequel on interagit. Autrement dit, en fonction des liens que nous tissons avec la réalité, nous serons en mesure de voir apparaître certains objets plutôt que d'autres.

En faisant cela, Barad pose les bases d'un « réalisme agentiel » dans lequel ce qui fait fond et ce qui émerge en tant que figure n'est jamais donné de manière définitive. C'est toujours le résultat d'une opération ponctuelle et déterminée, c'est le reflet d'une qualité relationnelle, le résultat de la construction d'un point de vue.

85 *Ibid.*, p. 151-153.

86 Yves Citton, « Politiques de fonds », *La Revue des livres*, n° 13, septembre 2013, p. 18-27.

87 Voir Karen Barad, *Frankenstein, la grenouille et l'électron. Les sciences et la performativité queer de la nature*, trad. Luigi Balice et Christophe Degoutin, Le Pré-Saint-Gervais, Asinamali, 2023.

RESPONS(H)ABILITÉ

Le réalisme agentiel décrit par Barad nous engage à une forme de « respons(h)abilité[88] ». Dans un premier temps, cette notion décrit une qualité empathique qui consiste à « prendre en compte » les entités humaines et non humaines avec lesquelles nous tissons des liens. Autrement dit, la *respons(h)abilité* nous invite à nous sentir responsables du système relationnel dans lequel nous interagissons. Par ailleurs, cette notion décrit une attitude éthique qui consiste à accepter de « rendre des comptes » à la communauté d'humaines et de non-humaines avec laquelle nous interagissons.

88 *Ibid.*, p. 244.

↑ Karen Barad, dessin d'après un portrait photographique.

En d'autres termes, la respons(h)abilité nous demande d'être capables de répondre aux demandes et aux interrogations que nous formule de manière plus ou moins explicite le système relationnel dans lequel nous interagissons. La respons(h)abilité c'est à la fois une sensibilité au lien d'interdépendance et une capacité de réponse lorsque des situations déséquilibrées commencent à s'instaurer dans un système de relations.

Dans cette perspective, on peut imaginer que les modes d'emploi du futur ne seront pas uniquement constitués de procédures techniques dans lesquelles notre vocabulaire de gestes sera réduit au strict minimum. Au contraire, on peut spéculer que les manuels d'utilisation de nos machines deviendront des guides relationnels. Ce seront peut-être des documents qui nous apprendront à interagir de manière empathique et responsable avec les appareils que nous possédons. Ces manuels nous inciteront peut-être à tisser des liens avec les différents types de communautés qui nous entourent pour apprendre d'elles de nouveaux gestes de soin, de réparation et d'invention.

opération n°4 : traverser notre violence

Pour comprendre la colère que nous avons parfois à l'égard de nos machines, nous nous sommes intéressé·es à un nouveau phénomène apparu récemment dans nos environnements urbains : la *fury room*. Lors de cette opération de recherche, nous nous sommes rendu·es dans ce lieu pour expérimenter par nous-mêmes la destruction de plusieurs imprimantes. Cette expérience nous a permis d'identifier une forme éventuelle de traumatisme collectif qui pourrait être à l'origine d'une forme de violence à l'encontre des machines.

CASSER SON IMPRIMANTE

Nous entretenons une relation ambivalente avec nos outils technologiques. D'un côté, nous avons souvent le désir de les réparer lorsqu'ils tombent en panne, et d'un autre côté, nous avons fréquemment envie de les jeter par la fenêtre pour nous en débarrasser. Pourrait-on voir dans ce mélange d'affects contradictoires le signe d'un traumatisme refoulé ?

Les imprimantes font partie des objets que nous avons le plus souvent envie de maltraiter. Il suffit souvent d'un simple bourrage papier pour que nous ayons envie de prendre cet appareil et de le fracasser par terre. Nous avons découvert que ce sentiment de violence à l'égard des imprimantes était largement partagé autour de nous. Sur internet, on trouve d'ailleurs de nombreuses vidéos qui mettent en scène la destruction rageuse de ce type d'équipement informatique. Pourquoi les imprimantes déclenchent-elles tant de colère ?

DES IMPRIMANTES DANS LES FURY ROOMS

Lorsque l'on entre les mots clés « printer » et « destruction » dans un moteur de recherche, on peut tomber sur un certain nombre de petits films très instructifs. Sur ces vidéos accessibles à toustes, on peut voir des personnes très ordinaires se déchainer sur des imprimantes. Dans ces séquences, les protagonistes utilisent toujours le même type de matériel : batte de baseball, marteau, masse, pied-de-biche.

Parmi ces vidéos, on trouve également quelques séquences tournées dans le cadre de ce que l'on appelle des *fury rooms*, des *break rooms* ou bien encore des *rage rooms*. Il s'agit de lieux récréatifs dans lesquels chacun·e peut venir libérer sa violence en cassant du matériel de bureau ou des pièces de vaisselle.

Les premières *rage rooms* sont apparues au Japon en 2008, pour se développer ensuite principalement aux États-Unis, puis plus récemment en Europe. La première *fury rooms* de Paris a ouvert en mai 2020 juste après le premier confinement. Cette salle de casse propose des tarifs de groupe destinés aux entreprises ou aux bandes d'ami·es voulant organiser un rituel festif. Au cours de ce moment de destruc-

← Restes d'imprimante détruite, Fury Room, Paris, 2023.

tion conviviale, chacun peut révéler le côté sombre de sa personnalité en toute sécurité. Sur le site web de ce lieu, le concept est clairement explicité :

> Libérez votre colère intérieure dans un lieu sûr et hors de tout jugement. C'est juste une nouvelle façon de se défouler. Sortez de votre style de vie et des codes et lâchez-vous, c'est exactement ce dont vous avez besoin[89].

89 Fury Room Paris, https://www.furyroom.fr (consulté le 15 mai 2024).

Cet espace parisien propose d'évacuer pendant quelques minutes tout le stress accumulé dans nos vies urbaines, en se « lâchant » sur certains types d'objets domestiques, dont des imprimantes. En découvrant ce dispositif récréatif, il nous a semblé intéressant de l'expérimenter par nous-mêmes. Nous voulions savoir ce que cela fait de casser une imprimante.

L'EXPÉRIENCE DE LA FURY ROOM

Lors d'un rapide échange téléphonique avec le propriétaire de la Fury room de Paris nous convenons d'un rendez-vous. En accord avec lui, nous optons pour un « forfait vidéo » incluant deux heures de prise de vue, la location d'une caméra GoPro et un lot de trois imprimantes défectueuses.

À l'entrée sont accrochés les outils-armes utilisés lors des séances de destruction. Une énorme masse, plusieurs battes de baseball, des pieds-de-biche et de gros marteaux sont à disposition. Sur la palette de bois qui sert de table basse entre les canapés, des feuilles de décharge de responsabilité sont à signer avant de casser quoi que ce soit. La Fury room est composée de plusieurs espaces. Au rez-de-chaussée, un petit salon pour se détendre, un bar et une salle pour se changer et, au sous-sol, trois caves voûtées aménagées pour faciliter les activités destructives.

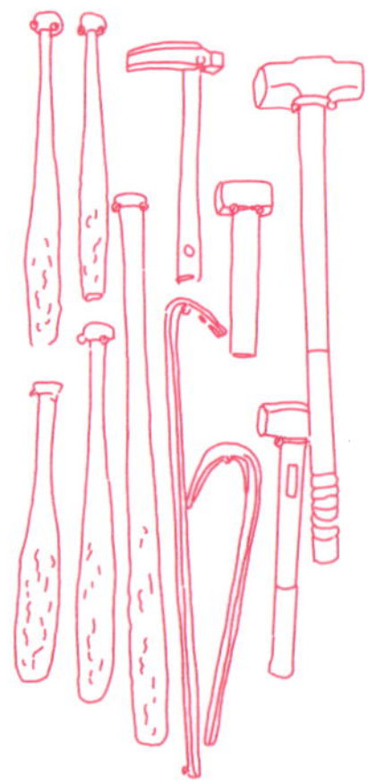

↑ Outils de destruction types proposés dans une *fury room*.

Pour commencer, nous nous rendons dans le vestiaire. Nous enfilons nos tenues de protection : un pantalon de chantier noir, un plastron renforcé, des baskets coquées et un casque avec visière en plexiglas. Le tout nous donne l'allure de CRS un peu gauches. Nous descendons ensuite dans la cave, pour découvrir la salle que l'on nous a préparée le matin même : une petite cave voûtée avec des murs en pierre dont l'un est recouvert d'une grande photo de bibliothèque — probablement pour donner une sensation d'espace domestique chaleureux. Le sol est jonché de morceaux de verre, de céramique brisée et de fragments de plastique issus de matériel informatique.

Nous disposons autour de nous les outils que nous avons choisis pour taper sur des imprimantes obsolètes. Inutile de dire que nous ne nous sentons pas très à l'aise dans cette cave. Il y a quelque chose de pesant, un peu comme si les murs de cet endroit avaient enregistré trop de violence.

Finalement, après quelques réglages techniques, on commence à filmer[90]. À tour de rôle, chacun·e d'entre nous tape sur l'imprimante. Elle résiste. Le plastique épais commence à se fendre, l'imprimante rebondit, se cogne contre le sol, on la remet sans cesse sur le billot de bois pour l'achever. La plaque de verre du scanner se casse, les moteurs sont suspendus à leurs câbles, les cartes mères sont éjectées, des fragments de plastique s'envolent. L'imprimante est réduite en miettes.

90 Pour nous aider dans la réalisation de ce projet, nous avons demandé à Maud Lalouis-Gret, qui effectuait son stage au sein de notre atelier, de nous accompagner dans cette aventure. Elle était en charge de surveiller les caméras lorsque nous tapions sur les imprimantes.

Nous nous sommes jeté·es corps et âme dans cette activité un peu comme si nous étions en train d'achever des bêtes mourantes. Au début nous avons utilisé une batte, puis nous avons préféré nous servir d'une masse très lourde, et à la fin c'est avec un pied-de-biche que nous avons choisi de terminer ce travail. Dans cette cave légèrement surchauffée par notre violence destructive, le temps paraît infini. Après avoir enchaîné sans répit la destruction successive de trois appareils, nous nous arrêtons soudainement : le sol est recouvert d'une multitude de morceaux de plastique et de fragments de cartes électroniques, nous sentons la sueur perler sous nos casques.

On arrête. Silence. On souffle. Une tristesse ancestrale traverse tout notre corps : c'est comme si ce geste de destruction était venu réactiver un drame du passé.

DE NED LUDD AU NÉO-LUDDISME

Cette expérience intense de destruction de machines nous a amené·es à réfléchir assez naturellement à la question du luddisme. Dans le milieu de l'écologie politique, la figure héroïque de Ned Ludd est souvent convoquée pour inviter les militant·es à participer au démantèlement d'installations technologiques jugées dangereuses pour l'environnement. Mais que savons-nous véritablement du luddisme ?

La première chose que l'on peut dire à ce sujet, c'est que le luddisme en tant qu'objet de pensée politique est une notion qui s'est construite progressivement[91].

Dans le livre premier du *Capital*[92], Karl Marx mentionne l'action politique d'un groupe d'ouvrier·es dans la région des Midlands en Angleterre aux alentours des années 1810. Le philosophe rapporte que ces ouvrier·es du textile ont cassé, à la suite de Ned Ludd, un certain nombre de machines pour protester contre le mode de production que leur impose la modernisation de leur outil de travail. Selon Karl Marx, ces ouvrier·es n'ont pas véritablement compris la nature profonde du capitalisme : il estime en effet qu'en s'en prenant aux outils de production et non pas aux propriétaires du capital, ces ouvrier·es, à cause d'une analyse simpliste de la situation économique et politique, se sont trompé·es de cible[93].

Cent ans plus tard, John Lawrence et Barbara Hammond vont continuer à dénigrer la pensée politique des luddites dans leur ouvrage intitulé *The Skilled Labourer*[94] qui traite de la naissance de la classe ouvrière en Angleterre. Dans ce livre ces deux chercheur·euses soulignent l'importance du mouvement dans l'histoire de la classe ouvrière tout en rappelant que le luddisme est un mouvement qui a probablement été instrumentalisé par le pouvoir britannique. Selon elleux, les destructions de machines auraient été encouragées par des agent·es du gouvernement infiltré·es chez les luddites. Le pouvoir en place aurait soutenu ces actions spectaculaires en espérant qu'elles permettraient de justifier auprès du grand public la politique de répression des mouvements ouvriers. Encore une fois, les luddites sont présenté·es comme une forme d'opposition politique qui manque de consistance.

Ce n'est finalement que très récemment que la pensée et les actions déployées par les luddites du Nottinghamshire, du Yorkshire et du Lancashire furent véritablement appréciées à leur juste valeur. Le chercheur David F. Noble a participé à ce travail de réhabilitation. Comme d'autres chercheur·euses de cette génération, il ne s'est pas contenté d'étudier le luddisme à travers les rapports de police, les minutes de procès ou les notes ministérielles, mais il a essayé de reconstruire la pensée des luddites à travers les lettres qu'iels avaient

91 La lecture de l'article « Le passé d'une désillusion : les luddites et la critique de la machine » de Vincent Bourdeau, François Jarrige et Julien Vincent permet de repérer efficacement quelques-unes des étapes qui ont jalonné la construction de cette mythologie politique. Vincent Bourdeau, François Jarrige, Julien Vincent, « Le passé d'une désillusion : les luddites et la critique de la machine », *Actuel Marx*, n° 9, 2006, p. 145-165.

92 Karl Marx, *Le Capital*, [1867], trad. Joseph Roy, Folio, collection Essais, 2008.

93 Vincent Bourdeau, François Jarrige, Julien Vincent, « Le passé d'une désillusion : les luddites et la critique de la machine », *art. cit.*, p. 145-165.

94 Barbara Hammond, John Lawrence Hammond, *The Skilled Labourer: 1760-1832*, [1919], Wentworth Press, 2019.

écrites et les discours qu'iels avaient prononcés. Dans son livre *Progress Without People*[95] publié en 1995, Noble montre que les luddites avaient compris, bien avant beaucoup d'autres penseur·euses de la révolution industrielle, que l'implantation d'une nouvelle forme de technologie avait un coût social parfois très élevé. Ainsi, on comprend que les luddites n'étaient pas de simples briseur·euses de machines, iels avaient surtout développé une pensée politique complexe.

Toujours dans les années 1990, la chercheuse Chellis Glendinning publie son manifeste *Notes toward a Neo-Luddite Manifesto*[96] dans lequel elle va s'appuyer sur l'histoire du luddisme pour proposer une nouvelle approche du militantisme basé sur la destruction et le démantèlement des technologies écocidaires. Le luddisme, ou plutôt le néo-luddisme devient alors un emblème politique de la lutte contre le déploiement irraisonné des infrastructures technologiques à la surface de notre planète.

↑ *The Leader of the Luddites* [Ned Ludd], 1812, British Museum, Londres. Dessin d'après la gravure.

95 David F. Noble, *Progress Without People: In Defense of Luddism*, Toronto, Between the Lines, 2013.

96 Chellis Glendinning, *Notes toward a Neo-Luddite Manifesto*, 1990, https://theanarchistlibrary.org/library/chellis-glendinning-notes-toward-a-neo-luddite-manifesto (consulté le 12 mai 2024).

CASSER LES MACHINES COMME MOYEN POUR FAIRE APPLIQUER LA LOI

Lorsque l'on pense aux briseur·euses de machines, on pense spontanément à des militant·es enragé·es prêt·es à tout pour faire entendre leur voix. On oublie souvent que dans certains cas, c'est l'État lui-même qui se sert de cette solution pour faire appliquer la loi. L'histoire de la destruction des flippers par la police étasunienne est intéressante à raconter dans ce contexte.

Entre les années 1940 et les années 1970, les *pinball machines* ont été interdites successivement dans plusieurs États d'Amérique du Nord. À cette époque, ces machines étaient la plupart du temps soupçonnées d'abrutir la jeunesse tout en servant de source de revenus opaque à différentes organisations criminelles.

C'est ainsi que le 21 janvier 1941, le conseil municipal de la ville de New York interdit les flippers À la suite de cet arrêté, des groupes de policier·es confisquent près de 2000 machines dans la ville, soit à peu près 20 % de la totalité des *pinball machines* présentes alors dans New York City.

Après cette prise, la police convoque la presse et met en scène la destruction de plusieurs machines à coups de hache et de masse. Cet évènement avait pour but de marquer les esprits en montrant de manière performative que la loi était capable de combattre le crime et l'oisiveté en s'attaquant violemment à toute forme de technologie qui encouragerait ce genre de vices. L'historien Christopher Klein nous apprend qu'à la suite de cette performance destructive, les restes de flippers auraient été jetés dans le fleuve Hudson, tandis que les billes en métal auraient été récupérées pour fabriquer des bombes[97].

La chercheuse Natasha Dow Schüll nous rappelle que dans les années 1930, le même type de performance destructive avait été mis en scène par la police pour détruire les machines à sous qui avaient commencé à pulluler un peu partout dans les villes étasuniennes[98]. On peut évidemment porter un regard critique sur les raisons moralisatrices extrêmement conservatrices qui ont poussé les juges et les policier·es étasunien·nes à orchestrer ce genre de spectacle. Malgré cela, il est intéressant de noter qu'aujourd'hui encore, ces images ont quelque chose de frappant.

Nous avons eu du mal à comprendre ce qui rendait ce type d'iconographie de la destruction si étrange. Il semble que quelque chose en nous n'arrive pas à accepter l'idée qu'un pouvoir politique institué puisse s'en prendre physiquement à des objets technologiques. Il y a là quelque chose que nous ne parvenons pas à intégrer. Un peu comme si la rébellion contre l'usage d'une technologie ne pouvait être qu'un acte militant. Un peu comme si la collectivité ne devait pas prendre en charge la régulation des objets technologiques qui circulent dans nos sociétés.

Aussi surprenant que cela puisse paraître, les luddites anglais·es et les policier·es étasunien·nes, bien qu'iels soient mobilisé·es par des idéologies très différentes, semblent avoir trouvé un même type de réponse face au sentiment de menace que peut générer une nouvelle forme de technologie. Finalement, pour ces deux groupes sociaux, lorsque la qualité de la vie d'une communauté est mise en péril par la présence d'une machine, il est parfois acceptable de la détruire.

↑ Le commissaire de police de la ville de New York, William P. O'Brien, détruit des flippers illégaux dans un entrepôt du quartier Greenpoint de Brooklyn, New York, 1949.

97 Christopher Klein, « That Time America Outlawed Pinball », *History*, 15 novembre 2016, https://www.history.com/news/that-time-america-outlawed-pinball (consulté le 3 juin 2024).

98 Natasha Dow Schüll, *Addiction by Design: Machine Gambling in Las Vegas*, Princeton, Princeton University Press, 2014.

CLODO

↑ Signature de CLODO laissée sur un mur après une de leur actions.

Entre 1980 et 1983, le groupe CLODO (Comité pour la liquidation ou le détournement des ordinateurs) mène plusieurs actions militantes. Durant cette période, ce groupe d'activistes se donne comme mission de détruire du matériel informatique présent dans des entreprises et des institutions françaises. Les membres de cette obscure organisation sont très méticuleux et iels parviennent à réaliser d'importants dégâts dans la région de Toulouse sans jamais se faire prendre.

Au cours de ces trois années, le groupe CLODO va s'en prendre à plusieurs entreprises et au département informatique de la préfecture de Haute-Garonne[99]. Dans la nuit du 29 janvier 1983, le bâtiment de cette institution sera dynamité par ce groupe d'activistes luttant contre le développement incontrôlable de l'informatique. À la suite de ces quelques actions, les membres du groupe CLODO envoient à la revue *Terminal* une auto-interview d'inspiration situationniste dans laquelle iels exposent leurs motivations. Iels écrivent :

> Aux outils du pouvoir, les dominé·es ont toujours opposé le sabotage ou le détournement. Il n'y a là rien de rétro ni de nouveau. [...] Quand on sait que le secteur social le plus informatisé est l'armée, que 94 % du temps d'ordinateur civil sert à la gestion et à la comptabilité, on ne se sent pas les casseurs de métiers Jacquard (bien que ces derniers aient lutté aussi contre la déshumanisation engendrée par ces métiers, lesquels les transformaient d'artisans en manœuvres)[100].

Malgré quelques enquêtes policières, personne n'arrivera jamais à identifier qui furent réellement les membres du CLODO. Après leurs trois années d'actions militantes, ce collectif disparaît définitivement. Aujourd'hui, il ne reste pas beaucoup de traces de ce collectif. On peut néanmoins trouver sur internet quelques archives qui témoignent de cette initiative néo-luddiste assez inédite dans la France des années 1980[101].

99 Francis Bernard, « La révolution n'est pas une cryptoparty », *Z: Revue itinérante d'enquête et de critique sociale*, n° 9, 2015, p. 80-88.

100 « Machines en flammes. Autour du Comité pour la liquidation ou le détournement des ordinateurs (CLODO) et des sabotages de fibre optique », *Lundi matin*, n° 338, 10 mai 2022, https://lundi.am/Machines-en-flammes (consulté le 2 juin 2024).

101 Récemment, deux chercheurs spécialistes des media et du destructionnisme se sont emparés de cette histoire. Réunis dans le collectif Internationale destructionniste, Thomas Dekeyser et Andrew Culp ont réalisé le film intitulé *Machines in Flames, A secret history of self-destruction*, qui retrace l'histoire du CLODO tout en proposant une réflexion théorique sur le monde hautement computationnel dans lequel nous vivons. Andrew Culp, Thomas Dekeyser, *Machines in Flames, A secret history of self-destruction*, vidéo, 2022, https://vimeo.com/664798381 (consulté le 5 avril 2024).

ÉPROUVER NOTRE VIOLENCE FACE AUX MACHINES

De retour à notre atelier après notre expérience de destruction dans la *fury room*, nous avons visionné les séquences que nous avions réalisées sur place. Cette opération nous a permis de voir avec un peu de recul la nature du geste que nous avions accompli. Nous avons alors ressenti de la gêne. Était-ce bien nous qui avions tapé si violemment sur ces machines ? D'où pouvait bien venir une telle rage ?

Le philosophe Georges Didi-Huberman parle de « survivance des gestes » pour décrire la manière dont certains mouvements de notre corps sont hantés par une histoire somatique lointaine[102]. Selon ce penseur, nous sommes habité·es par des gestes fantômes, des gestes qui ne nous appartiennent pas complètement. Dans certaines circonstances, ces gestes peuvent resurgir soudainement sans que nous ne nous en rendions compte. Pour Didi-Huberman, un des rôles de l'expression artistique est de permettre que ces gestes fossilisés que nous portons en chacun·e de nous puissent, par moments, se laisser entrevoir.

Les gestes fantômes, comme les lapsus ou sentiments de flashback, apparaissent lorsqu'une situation les déclenche. La plupart du temps ces phénomènes inconscients surgissent aussi vite qu'ils disparaissent. Il peut s'agir d'un léger mouvement du poignet lorsque l'on serre un écrou, ou d'un tremblement de tout le corps face à des flammes. Ces gestes fantômes peuvent appartenir à notre histoire personnelle — je me penche pour écrire mon nom sur un formulaire comme j'ai appris à le faire à l'école — mais ils peuvent aussi s'inscrire dans un temps beaucoup plus long qui s'étale sur plusieurs générations — je déteste l'odeur de la peinture à base de solvant comme sans doute mon arrière-grand-père qui travaillait dans une usine de vernis industriel[103].

On peut voir notre corps comme une vaste « somathèque[104] », pour reprendre ici un terme forgé par Paul B. Preciado, dans laquelle sont archivées plusieurs couches de mémoire corporelle. En nous exposant à des expériences inhabituelles, nous prenons le risque de voir soudainement une de ces archives oubliées s'ouvrir devant nous. Lorsqu'à la faveur d'un déclenchement inattendu, un geste fantôme se donne à voir, nous pouvons choisir de le refouler à nouveau ou nous pouvons décider de lui donner la signification qu'il mérite.

102 Georges Didi-Huberman, *L'Image survivante. Histoire de l'art et temps des fantômes selon Aby Warburg*, Paris, Les Éditions de Minuit, collection Paradoxe, 2002.

103 Voir Dori Laub, Nanette C. Auerhahn, « Savoir et non-savoir dans le trauma psychique massif », trad. Yaelle Sibony-Malpertu, *Le Coq-héron*, n° 220, 9 avril 2015, p. 48-66.

104 Paul B. Preciado, *Testo Junkie. Sexe, drogue et biopolitique*, Paris, Grasset, 2008.

→ Détails d'imprimantes détruites, Fury Room, Paris, 2023.

Ainsi, il nous semble que l'expérience de la *fury room* a fait soudainement resurgir des gestes de violence qui appartiennent à un passé que nous n'avons pas connu. Quelque chose a refait surface. Il nous fallait donner du sens à cet événement venu de loin.

BLOC DE PASSÉ IRRÉSOLU

Le psychiatre Bessel van der Kolk est une des figures de proue des nouvelles approches du traitement du stress post-traumatique. Il nous dit que lorsqu'à la suite d'un événement violent une partie de notre conscience est restée figée, nous allons avoir du mal à nous engager correctement dans un certain nombre d'interactions humaines[105]. Nous aurons des difficultés à accueillir pleinement les moments de fêtes comme les moments difficiles de la vie. Une partie de nous sera comme perpétuellement dissociée de ce qui nous arrive dans le présent.

Si ce type de dissociation typique des états de stress post-traumatique n'est pas correctement pris en charge, il peut y avoir des répercussions sur plusieurs générations. C'est ce qu'a mis en lumière le psychiatre Dori Laub dans plusieurs articles consacrés aux descendant·es des rescapé·es de la Shoah[106]. À la suite de ce chercheur, la psychologue et philosophe Yaelle Sibony-Malpertu a également beaucoup travaillé sur ces questions[107]. Pour décrire l'impact des événements traumatiques sur plusieurs générations, elle parle d'« héritage radioactif[108] ». Selon Sibony-Malpertu, le trauma — lorsqu'il n'est pas correctement pris en charge — est un événement qui va irradier les différents membres d'une famille génération après génération en leur transmettant des états psychiques qui n'ont pas été résolus.

Ainsi, lorsque les rescapé·es d'un génocide ne sont pas parvenu·es à se débarrasser de l'état de figement qui leur a permis de traverser la violence de ce qu'iels ont subi, iels ont du mal à donner du sens à ce qu'iels ont vécu. Le processus psychique de réparation est alors « gelé[109] », il est mis en attente, jusqu'à ce que quelqu'un se charge de dénouer ce qui obstrue la parole. Pour inciter une famille à faire ce travail de résolution, le trauma va venir visiter les différents membres de la famille sous la forme de divers symptômes. Ces types de radiations traumatiques vont alors impacter

105 Bessel van der Kolk, *Le Corps n'oublie rien*, trad. Aline Weill, Paris, Pocket, 2021.

106 Dori Laub, Nanette C. Auerhahn, « Savoir et non-savoir dans le trauma psychique massif », *op. cit.*, p. 48-66.

107 Yaelle Sibony-Malpertu, *Se défaire du traumatisme. Symptômes post-traumatiques et transmissions familiales*, Paris, Desclée De Brouwer, 2020.

108 *Ibid.*, p. 51.

109 *Ibid.*, p. 44.

progressivement les relations familiales jusqu'à ce qu'un des membres de ce collectif parvienne à comprendre ce qui est en train de se jouer[110].

110 Récemment, plusieurs livres traitant de la question du trauma ont connu un certain succès. L'ouvrage *Reconstruire après les traumatismes* de Judith Herman a été acheté par 500 000 lecteur·ices, tandis qu'en France, le livre *Triste Tigre* écrit par Neige Sinno a lui aussi rencontré un très large lectorat. Judith Lewis Herman, *Reconstruire après les traumatismes. De la maltraitance domestique aux violences sociales*, trad. Gérard Battarel, Paris, Interéditions, 2023 ; Neige Sinno, *Triste Tigre*, Paris, Éditions P.O.L, 2023.

Ce que l'on peut voir ici, c'est que le traumatisme est un phénomène individuel qui peut devenir très rapidement une problématique collective. Lorsque ce que l'on pourrait appeler des *blocs de passé irrésolus*[111] surviennent dans la vie d'un collectif, il est important de faire un travail archéologique méticuleux pour retrouver l'origine du problème. À l'aide d'un·e thérapeute ou à travers une enquête transgénérationnelle, il est parfois possible de retrouver le moment où chez un membre d'une famille quelque chose s'est figé. En faisant cela, on peut dénouer le silence et faire à nouveau circuler la vie dans les parties que le traumatisme avait « gelées ».

111 Le chercheur Thomas Hübl parle lui de « paquet de temps non intégré » (*package of time unintegrated*). Thomas Hübl, « Restoring the Future Through Embodied Trauma Integration », podcast *Point of Relation*, épisode 16, 23 mai 2023.

Dans la continuité de cette réflexion, on peut imaginer assez facilement que dans un passé pas si lointain, certain·es de nos ancêtres ont été confronté·es à la violence du capitalisme. Peut-être qu'il y a deux cents ans, l'un·e des membres de notre famille a vu son métier perdre complètement de son sens à cause de l'apparition d'un nouveau type de technologie. Peut-être que cet événement a été impossible à intégrer correctement et qu'une certaine forme de haine larvée à l'endroit des machines a été transmise de génération en génération. Ne serait-il pas temps de mettre un terme à ces blocs de passé irrésolus qui encombrent notre rapport à la technologie ?

FAIRE RECHERCHE DEPUIS UN ÉPROUVÉ

Au cours d'une de ses enquêtes dans le nord de la France, le sociologue Pascal Nicolas-Le Strat assiste à la destruction d'une maison des associations, un lieu qui a joué un rôle important pour certain·es habitant·es d'une cité de la périphérie de Dunkerque[112]. Le chercheur rapporte de cette expérience de destruction une brique qui témoigne de l'existence passée de ce lieu associatif si important pour la vie du quartier.

112 Pascal Nicolas-Le Strat, *Faire recherche en commun. Chroniques d'une pratique éprouvée*, Rennes, éditions du commun, 2024, p. 153.

Depuis ce jour, il garde chez lui ce gravat. Il s'agit pour lui d'un « éprouvé » dont il ne sait pas vraiment quoi faire. C'est une archive de recherche, à la fois précieuse et encombrante, qui attend de déployer sa pleine potentialité : c'est un bloc de passé irrésolu.

Dans son livre *Écorces*[113], un ouvrage situé à mi-chemin entre l'histoire, la philosophie et l'esthétique, Georges Didi-Huberman utilise également des éprouvés pour guider son raisonnement. C'est en utilisant cette méthodologie de recherche qu'il va s'attaquer aux épineuses questions muséologiques que pose la « conservation » des camps de concentration nazis.

C'est en scrutant trois morceaux d'écorce de bouleau ramassés à Birkenau (de l'allemand *Birken*, « bouleau ») que Didi-Huberman commence sa réflexion. En lisant *Écorces*, on a vraiment l'impression que la pensée se déploie depuis ce petit fragment de réalité ramassé par l'auteur lors d'une visite dans ce camp de la mort. Didi-Huberman écrit :

> J'ai posé trois petits bouts d'écorce sur une feuille de papier. J'ai regardé. J'ai regardé en pensant que regarder m'aiderait peut-être à lire quelque chose qui n'a jamais été écrit. J'ai regardé les trois petits lambeaux d'écorce comme les trois lettres d'une écriture d'avant tout alphabet[114].

Faire recherche depuis un éprouvé, que cela soit dans le cas de Nicolas-Le Strat ou bien celui de Didi-Huberman, ce serait essayer de déplier un raisonnement depuis un fragment de matérialité. Sans tomber dans les travers d'une approche trop romantique de la matérialité, cette méthode de réflexion nous invite à imaginer que dans la matière non verbale de certains objets, il se cache parfois des significations potentielles. Dans cette perspective, on pourrait dire que la brique de Nicolas-Le Strat ou les écorces de Didi-Huberman sont un peu comme des blocs de matière irrésolus. Le rôle de læ chercheur·euse pourrait, dans ce contexte, consister à accompagner ces fragments de matière mémorielle pour les aider à se déployer dans la dimensionnalité du langage[115].

SE LAISSER AFFECTER

Le moment passé dans la *fury room* a réellement été un moment d'épreuve pour nous. Lorsque nous avons pris dans nos mains les masses et les pieds-de-biche, et lorsque tous nos muscles se sont coordonnés pour effectuer des gestes destructifs, nous avons appris quelque chose. Nous avons fait connaissance avec la dimension violente de notre

113 Georges Didi-Huberman, *Écorces*, Paris, Les Éditions de Minuit, 2011.

↑ Georges Didi-Huberman, *Écorces*, dessin à partir d'une page du livre.

114 *Ibid*, p. 9.

115 À la lumière de ces réflexions, il nous semble que l'esthétique du ready-made, souvent caricaturée, pourrait se révéler plus intéressante qu'il n'y paraît. Il nous semble que les ready-mades, lorsqu'ils sont intelligemment mis en scène, peuvent jouer la fonction d'éprouvés. L'exposition permet alors de rendre publics des objets prélevés, des fragments de réalité, des blocs de matérialité dont l'intégralité de la signification n'a pas encore été donnée.

relation aux machines. Au début, il ne s'agissait pas d'un savoir très articulé, il s'agissait plutôt d'une forme de ressenti difficilement formulable. Puis, progressivement nous nous sommes appuyé·es sur ce vécu et nous avons commencé à déplier des hypothèses de recherche à partir de cet éprouvé, à partir de ce bloc d'expérience irrésolue.

Dans son article « Être affecté[116] », l'anthropologue Jeanne Favret-Saada remet en cause les méthodologies de terrain qui sont habituellement utilisées dans les sciences sociales. D'après elle, lorsque les ethnologues, les anthropologues ou les sociologues étudient leur objet de recherche, iels se placent dans une position surplombante. Favret-Saada nous dit que cette position distante empêche d'avoir accès à certaines des dimensions de l'objet problématique que l'on tente d'observer. Dans cet article, la chercheuse raconte son expérience de terrain lorsqu'elle a étudié les pratiques de sorcellerie dans le bocage normand. Elle raconte comment, dès le début de son enquête, les bocain·es ont exigé qu'elle expérimente la sorcellerie par elle-même avant d'engager toute forme de discussion sur le sujet : « La sorcellerie, ceux qui ne sont pas pris, ils ne peuvent pas en parler[117]. » Elle témoigne du fait que c'est seulement à partir du moment où elle s'est laissé « prendre » par ce type de rituel ésotérique, qu'elle a pu véritablement « comprendre » le fonctionnement de ces pratiques religieuses occultes.

Ce qui nous semble intéressant ici, c'est que la pensée de Favret-Saada rejoint les intuitions méthodologiques proposées par de nombreux·ses chercheur·euses féministes. Chez Donna Haraway[118], chez Maria Puig de la Bellacasa[119], mais aussi chez Paul B. Preciado[120] ou bien encore chez Dorothée Dussy[121], il apparaît que le processus de connaissance ne peut s'enclencher qu'à partir du moment où la·e chercheur·euse accepte de renoncer à la toute-puissance de sa position d'observateur·ice. Chez ces auteur·ices, il y a en quelque sorte un renoncement au désir d'objectivité, d'impartialité et de neutralité. Ce renoncement les place dans un état de vulnérabilité scientifique.

On pourrait dire qu'en jouant jusqu'au bout le jeu de la *fury room*, en revêtant la tenue et les chaussures de protection, en choisissant nos outils de destruction, et en tapant sur les imprimantes, nous avons vécu une expérience multisensorielle très particulière. La puissance haptique de ce moment nous rend d'une certaine manière juges et parties

116 Jeanne Favret-Saada, « Être affecté », *art. cit.*

117 *Ibid.*, p. 4

118 Donna Haraway, « Savoirs situés » dans *Manifeste cyborg et autres essais. Sciences-Fictions-Féminismes*, trad. Denis Petit et Nathalie Magnan, Paris, éditions Exils, 2007.

119 Maria Puig de la Bellacasa, « Touching technologies, touching visions. The reclaiming of sensorial experience and the politics of speculative thinking », *art. cit.*

120 Paul B. Preciado, *Testo Junkie. Sexe, drogue et biopolitique*, *op. cit.*

121 Dorothée Dussy, *Le Berceau des dominations. Anthropologie de l'inceste*, Paris, Pocket, 2021.

du phénomène que nous essayons de décrire : nous avons été touché·es par ce qui nous est arrivé et il est évident que nous ne sommes plus aussi objectif·ves pour décrire ce qui s'est passé.

Malgré cela, nous ne regrettons pas cette expérience. Nous pensons même qu'elle est fondatrice dans notre recherche. C'est en faisant connaissance de manière non médiatisée avec la dimension violente de la relation que nous entretenons avec les machines que nous avons pu accéder à une compréhension plus fine des dynamiques de pouvoir qui se tissent à travers nous lorsque nous utilisons des appareils numériques.

EMPATHIE ET MACHINE

Boston Robotics est une entreprise spécialisée dans l'élaboration de robots humanoïdes pouvant exécuter des tâches techniques ou militaires. Ce groupe est mondialement connu pour ses vidéos virales. Dans ces séquences, on peut voir des robots être sérieusement maltraités par des ingénieur·es. Ainsi, on peut voir dans une de ces vidéos un homme d'une trentaine d'années qui malmène cruellement un humanoïde avec une crosse de hockey sur glace jusqu'à ce qu'il tombe.

Nous avons constaté à plusieurs reprises que le visionnage de ce type de séquence génère un sentiment de gêne très étrange. D'où vient cette curieuse empathie à l'égard de ce type d'objet technologique ?

Lorsque nous regardons des robots humanoïdes se faire brutaliser, notre cerveau a probablement tendance à anthropologiser un peu rapidement un assemblage de moteurs électriques et de cartes électroniques. Cette explication est très souvent donnée pour expliquer notre soudaine sensibilité à la violence faite aux machines. Selon nous, cette argumentation n'explique pas tout. Il nous semble que ces gestes de brutalité abîment quelque chose de notre relation au monde.

Le chercheur Dominique Lestel explore les conséquences philosophiques que produit l'émergence des IA et des robots. Dans son livre intitulé *Machines insurrectionnelles*[122], Lestel nous montre qu'il est inutile de se demander si les machines peuvent penser, si elles peuvent ressen-

122 Dominique Lestel, *Machines insurrectionnelles. Une theorie post-biologique du vivant*, Paris, Fayard, 2021.

tir de l'affection ou bien encore si elles sont vivantes. Selon lui, ces interrogations appartiennent à un autre temps et elles nous empêchent de réellement investiguer une question cruciale : qu'est-ce que l'émergence de nouveaux types d'objets technologiques comme les robots humanoïdes et les intelligences artificielles m'oblige à transformer dans ma manière d'interagir avec le monde ? Pour synthétiser cette idée, il écrit :

> Ce que j'essaie de dire, c'est qu'un être vivant est un agent dans un dispositif relationnel et existentiel complexe et que certains robots peuvent s'immiscer de façon virtuose dans de tels dispositifs. En ce sens, les robots nous obligent à repenser ce qu'est un être vivant[123].

123 *Ibid.*, p. 50.

On le comprend ici, Dominique Lestel nous invite à une réflexion non pas tant sur la nature des machines en tant que telle, mais plutôt sur celle du tissu relationnel dans lequel nous co-évoluons avec ces machines. Dans ce contexte, la question qui se pose n'est pas celle de savoir si les objets robotisés sont capables de ressentir la violence que nous leur faisons subir, mais plutôt pourquoi nous acceptons dans l'espace relationnel dans lequel nous évoluons que certain·es de nos partenaires puissent être maltraité·es.

En tapant sur une imprimante, on ressent directement ce lien de partenariat qui nous lie à ces objets défectueux. La violence que nous exerçons sur leur corps nous bouleverse non pas parce que nous pensons que les imprimantes ressentent quelque chose, mais parce que nous nous rendons compte de la mauvaise qualité de certaines des relations que nous entretenons avec ces objets.

En un mot, il nous semble que tant que nous traiterons les questions éthiques liées à notre relation aux machines en considérant les appareils comme des choses et non comme des partenaires, nous passerons à côté de nombreuses réflexions importantes.

EXCEED YOUR VISION

Dans le monde des imprimantes professionnelles et en particulier dans le champ de la photographie, la marque Epson est connue pour fabriquer des machines capables d'imprimer des couleurs qui se situent à l'extérieur du spectre de ce que l'œil humain est capable de voir. Cela signifie que les modèles très haut de gamme vendus par cette entreprise sont capables de fabriquer des images dans lesquelles la quantité d'informations chromatiques est supérieure à ce que la vision humaine est en mesure de percevoir.

C'est sans doute pour faire référence à ce type de prouesse technologique — dont on peut légitimement questionner l'utilité — qu'Epson a choisi son slogan : *Exceed your vision* (traduisible par *Dépasse ta vision* ou par *Regarde au-delà du visible)*. Étrangement, nous avons constaté que cette formule publicitaire correspondait assez bien à notre démarche de recherche. En démontant des machines et en décortiquant des modes d'emploi, nous aussi nous essayons d'outrepasser les règles implicites qui conditionnent notre regard sur les objets qui nous entourent.

Exceed your vision! Ces trois mots semblent détenir une sorte de puissance politique cachée. Nous ne sommes probablement pas les seuls à pouvoir nous reconnaître dans la devise d'Epson. Avec un peu de second degré, on peut tout à fait imaginer qu'un personnage comme Ned Ludd aurait également pu crier *Exceed your vision!* au moment de s'attaquer aux machines qui menaçaient son mode d'existence.

L'HYPOTHÈSE TRAUMATIQUE

L'écocide qui dévaste les espèces vivantes de notre planète, la généralisation de l'extractivisme et la pollution presque infinie de nos sous-sols par les résidus de nos centrales nucléaires devraient nous révolter.

Ces blessures, ces violences faites à l'humanité et aux différentes formes d'êtres vivants avec lesquels nous évoluons devraient provoquer chez nous un mouvement de colère. Cette colère devrait pouvoir se transformer en un discours qui envisage de manière créative des scénarios plus acceptables pour notre futur.

→ Affichage d'avertissement sur l'écran LCD de l'imprimante Epson Stylus Pro 4900.

Check
Boîtier maintenance
quasiment en fin de vie.
1 2 3 4 5 6 7 8 9 10 11
Matte Black
OK
Menu
Black

Dans la continuité de cette réflexion, nous voudrions proposer l'hypothèse suivante: et si notre impossibilité à agir pour enrailler les logiques de domination mortifère qui nous entourent n'était pas due à un manque de force morale, une absence de discernement ou une peur panique pour le changement — mais plutôt à un état collectif de stress post-traumatique ?

Il nous semble que l'étude du luddisme couplée à l'expérience que nous avons réalisée dans une *fury room* nous permet de mettre le doigt sur ce genre de traumatisme collectif. Selon nous, les objets technologiques sont porteurs d'un héritage de violence. À chaque fois que nous utilisons une technologie, nous déclenchons peut-être inconsciemment un processus de dissociation pour ne pas revivre les blessures qu'a infligé l'émergence de certaines technologies sur nos ancêtres.

Pour sortir de cette boucle rétroactive qui nous empêche de traiter avec efficacité et maturité la question de la place des technologies sur notre planète, nous devons commencer par faire émerger une conscience collective de la violence que nous avons subie et que nous subissons encore dans nos vies à travers les objets techniques que nous utilisons.

Accepter et accueillir la part de nous qui veut détruire les machines est peut-être aussi important que de vouloir vivre dans un monde sans pesticide. Tant que nous n'aurons pas mis au clair la part de violence qui traverse l'histoire de notre relation aux machines, nous ne serons sans doute pas capables de tisser avec cette catégorie bien particulière d'objets une relation satisfaisante.

→ Livraison d'ordinateurs portables, Fury Room, Paris, 2023.

GAUFRES
UNE CAISSE !
FONCTIONNE PLUS
UN VERRE !
DE CASSE EN
FORMULES
MADHOUSE
BOUTEILLES
VAISSELLE
MULTIMEDIA
20 MIN
FREE

opération n°5 : construire sa propre imprimante

Comme nous n'étions pas satisfaites de la relation que nous entretenons avec notre imprimante, nous avons voulu fabriquer par nous-mêmes notre propre appareil, une imprimante utopique que nous avons appelée la machine terrestrographique. Cette performance de bricolage, parfois épique, parfois déceptive, nous a permis de plonger les mains dans les entrailles d'une machine et de prendre la mesure de la difficulté que représente la fabrication d'une machine écologiquement responsable.

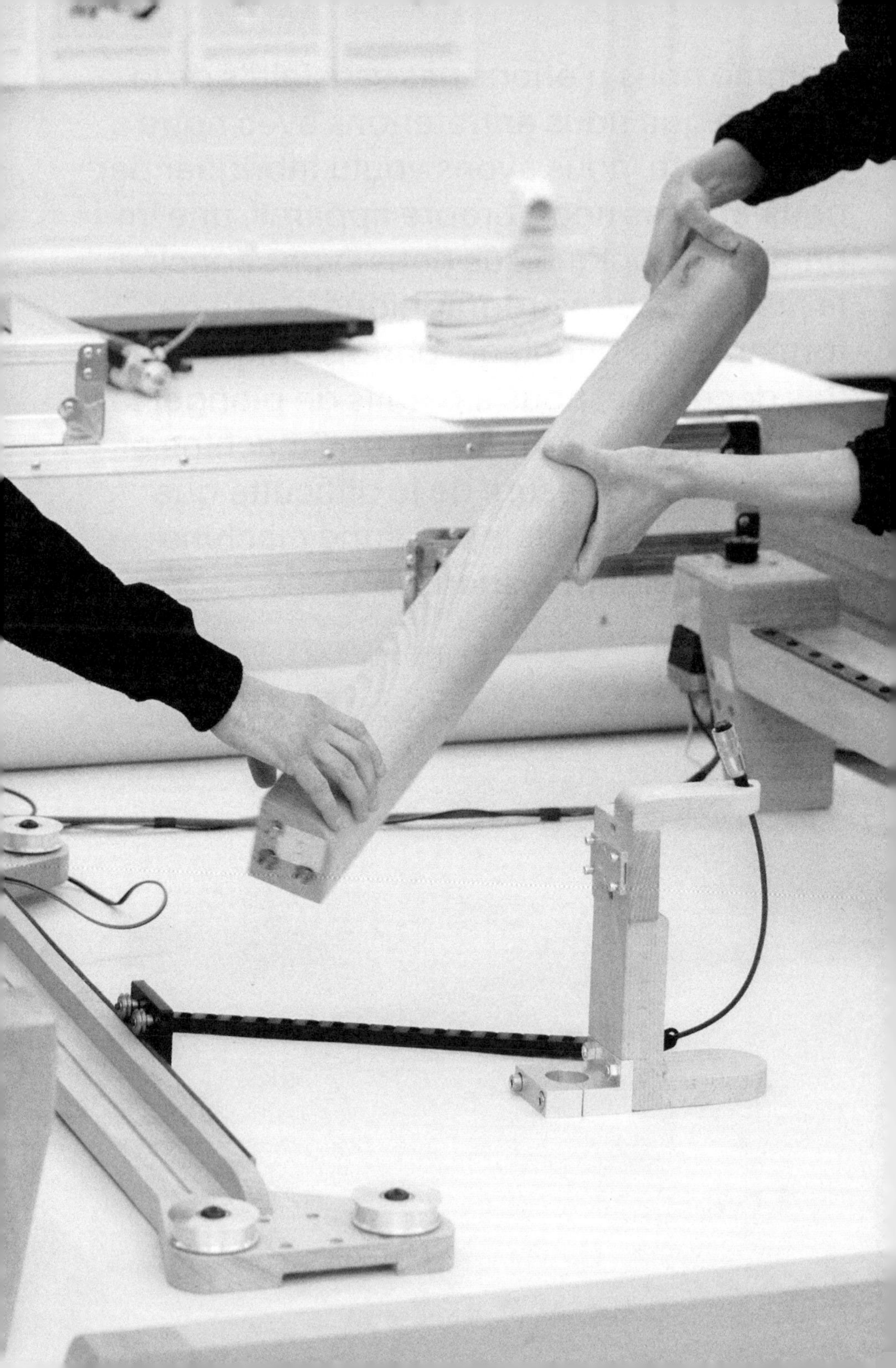

UN DÉSIR D'UTOPIE TECHNOLOGIQUE

Lorsque l'on s'intéresse aux problématiques liées à la technologie et à l'écologie, on a rapidement envie de fabriquer toutes sortes de machines utopiques. On voudrait être capable de construire un lave-linge qui fonctionne avec un vélo d'appartement, une radio alimentée par l'énergie solaire ou bien encore un potager aquaponique permettant de revaloriser nos eaux usées…

Dans une série d'émissions diffusées sur la chaîne Arte, le binome formé par l'ingénieur Corentin de Chatelperron et la designeuse Caroline Pultz présente avec une certaine bonne humeur les inventions *low-tech* qu'iels mettent au point pour réduire leur impact carbone[124]. En suivant leurs aventures, on a l'impression qu'avec un peu de bonne volonté et d'imagination, on pourrait toustes, sans trop de problèmes, devenir des techno-écocitoyen^{ne}s éclairé·es. L'esthétique presque solarpunk de ce type de programme audiovisuel nous laisse imaginer que nous pourrions construire une société techno-responsable dans laquelle le renoncement à un certain confort technologique serait largement compensé par la convivialité d'une vie organisée autour du bricolage citoyen. Pourquoi ne pas remplacer les chauffe-eaux électriques par des douches solaires ou les générateurs électriques par des éoliennes construites avec de vieux moteurs d'aspirateur ?

124 Voir le documentaire de Laurent Sardi, *L'Expérience biosphère : 120 jours dans le désert*, film documentaire, 54 min., 2023.

Ainsi, un peu à l'image de ces deux techno-utopistes, lorsque nous avons commencé à comprendre les nombreux aspects polluants de notre imprimante, nous avons tout de suite eu envie d'inventer une machine plus respectueuse de l'environnement pour imprimer nos images. Sur le papier, cela ne paraissait pas si compliqué. Nous avons alors commencé par dessiner les plans d'une machine utopique qui serait facilement réparable, qui pourrait être entièrement transformable et qui fonctionnerait avec des encres végétales.

D'habitude nos désirs de machines utopiques restent à l'état de projet inabouti, mais cette fois-ci nous voulions aller jusqu'au bout de notre envie de construire par nous-mêmes un objet technologique éco-responsable. Nous voulions éprouver ce que cela signifie de construire un appareil utopique.

← Montage de la machine terrestrographique, Octave Cowbell, Metz, 2021.

UN BRICOLAGE PRÉPARATOIRE

Comme nous ne sommes pas des ingénieur·es et que nous ne sommes pas particulièrement familier·es avec l'électronique et la mécanique, nous avons décidé de commencer par quelque chose de simple : un bricolage préparatoire. Nous nous sommes lancé·es avec enthousiasme dans la fabrication d'un traceur pendulaire.

Un traceur pendulaire est une machine dans laquelle un stylet se déplace horizontalement ou verticalement en fonction du sens et de la vitesse de rotation de deux moteurs pas à pas placés à la verticale d'une feuille de papier épinglée contre un mur. Grâce aux propriétés géométriques de ce type de montage, il est assez facile de calculer la position du stylet sur la feuille de dessin. De ce fait, cette machine ne semblait pas, au premier abord, trop compliquée à construire.

Pour fabriquer notre prototype de traceur pendulaire, nous avons commencé par acheter une première partie du matériel chez Letmeknow, une petite boutique spécialisée située dans le centre de Paris. Certaines pièces manquaient et nous avons dû aller aussi chez Saint-Quentin Radio, un autre magasin de composants électroniques situé dans le 10e arrondissement de Paris. Dans ces deux lieux, il règne une ambiance assez étrange, presque indescriptible, à mi-chemin entre le monde du modélisme et celui du piratage informatique. Ces boutiques forment vraisemblablement des points ressources particulièrement précieux pour une communauté hétéroclite faite d'adolescent·es hackeur·euses, de retraité·es bricoleur·euses et d'ingénieur·es inventif·ves.

Nous sommes retourné·es à notre atelier avec deux moteurs électriques, une paire de drivers pas à pas, une alimentation AC/DC, une courroie crantée ainsi qu'une série de petits câbles multicolores. Ensuite, en suivant des tutoriels sur internet et en nous appuyant sur des blogs de roboticien·nes amateur·ices, nous avons progressivement branché les éléments entre eux en essayant de comprendre ce que nous étions en train de faire.

Au début tout s'est très bien passé. Nous nous disions qu'il n'était finalement pas si compliqué de construire un traceur pendulaire et que tout le monde pouvait le faire. Pourtant, au bout de cinq jours de travail acharné, rien ne

→ Traceur pendulaire, 2020.

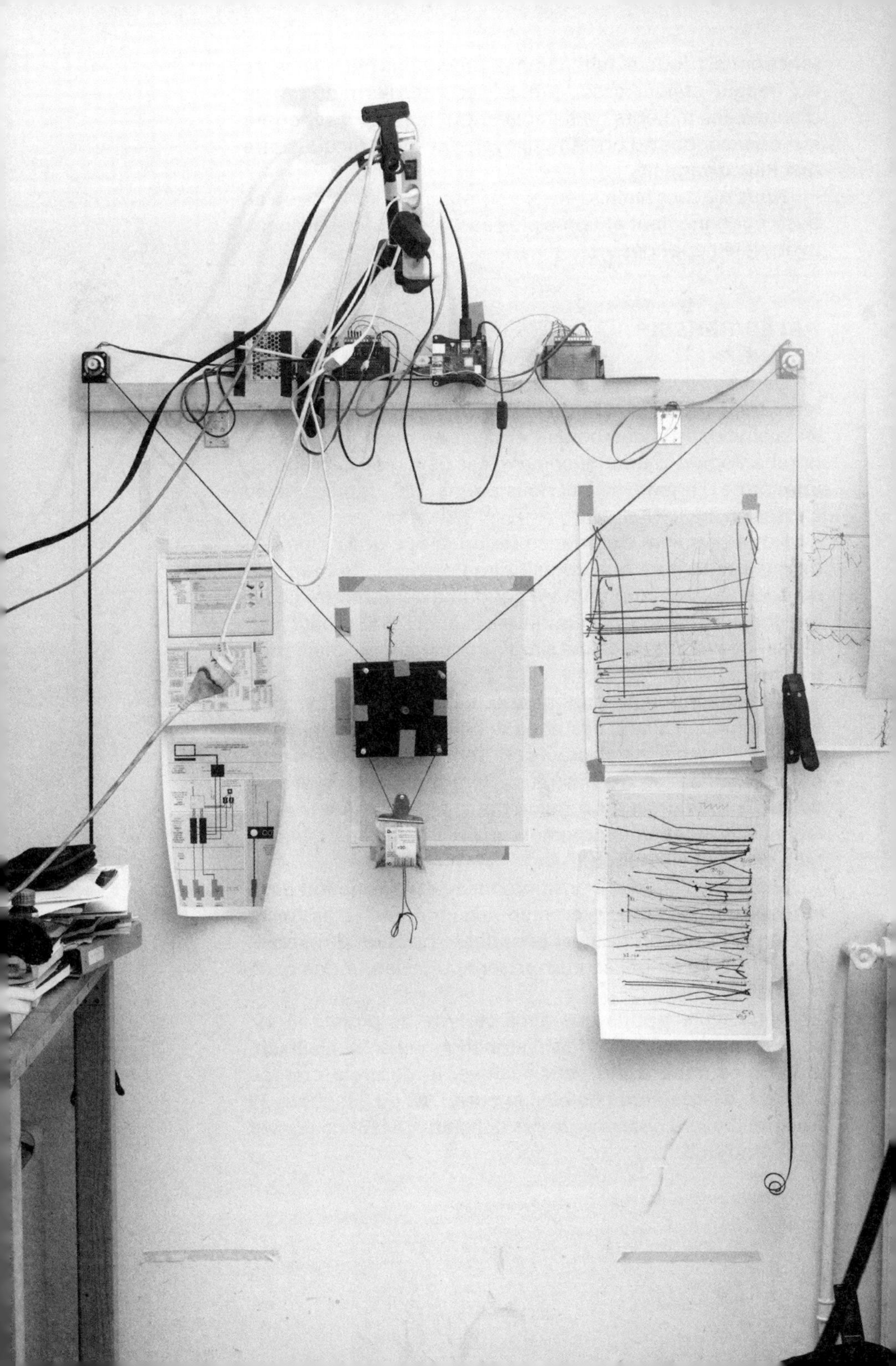

fonctionnait tout à fait comme prévu: les mouvements du traceur étaient assez précis par endroits tandis qu'à d'autres, les moteurs ne semblaient plus du tout répondre aux commandes qu'on leur envoyait. On aurait dit que notre machine divaguait.

Nous n'avons jamais réussi à comprendre l'origine de ce dysfonctionnement et après plusieurs jours de travail, nous avons jeté l'éponge.

RATER/RÉUSSIR

Dans son livre *Éloge du Carburateur*[125], le philosophe et réparateur de motos Matthew Crawford écrit que « mettre les mains dans le cambouis » et avoir un engagement corporel à l'égard d'une machine, c'est déjà mettre en place une forme d'agentivité qui nous permet de « reprendre les choses en main[126] ».

Notre première expérience de bricolage nous a permis de comprendre ce que voulait dire Crawford. Le branchement de l'alimentation nous a conduit à comprendre la différence entre le courant continu et le courant alternatif, et à utiliser des règles de calcul simples pour calibrer l'alimentation des moteurs.

Le branchement des quatre câbles qui alimentent chaque moteur pas à pas nous a aidé à comprendre comment fonctionnent les moteurs utilisant des électro-aimants. La programmation du Raspberry Pi qui pilotait les drivers des deux moteurs nous a guidé pour saisir la manière avec laquelle les éléments communiquaient entre eux dans ce type de robot électrique.

Enfin, le calcul de la position du stylet en fonction de la longueur de la courroie crantée nous a permis d'assimiler la manière dont on pouvait encoder la position d'un objet dans l'espace en utilisant un repère cartésien et des commandes G-Code[127].

Nous avons appris que dans ce type de projet, on est constamment exposé à des dysfonctionnements. L'alimentation électrique a été sous-évaluée, la courroie crantée n'est pas assez longue ou bien encore, l'OS du Raspberry Pi a planté. Devant chacune de ces difficultés, il faut conserver son optimisme.

125 Matthew B. Crawford, *Éloge du Carburateur. Essai sur le sens et la valeur du travail*, Paris, La Découverte, Poche, 2016.

126 *Ibid.*, p. 77.

127 Le G-Code est un langage de programmation des machines numériques qui suit les coordonnées cartésiennes.

Les vidéos sur internet dans lesquelles on voit des bricoleur·euses assembler en quelques minutes plusieurs composants électroniques pour fabriquer d'étonnantes machines cachent bien souvent la difficulté réelle de ce type de projet. Ce que nous avons fini par comprendre, c'est que la construction d'une machine, aussi simple soit-elle, n'a rien d'une science exacte. Cela ressemble plutôt à une forme de cheminement tortueux dans lequel, après plusieurs tentatives infructueuses, on finit parfois — sans trop savoir pourquoi — par trouver un chemin viable. Bref, construire une machine par soi-même ressemble à une quête légendaire : on rencontre des obstacles que l'on croit infranchissables, on doit assimiler des savoirs cabalistiques, on est aidé par d'étranges personnages dans d'obscures officines, et au final on a besoin d'un peu de magie pour parvenir à nos fins.

LE BRICOLAGE COMME PERFORMANCE

À la suite de notre expérience de traceur pendulaire, nous avons bénéficié d'une bourse de recherche[128] et nous avons envisagé la construction d'un modèle d'imprimante plus sophistiqué. Pour réaliser ce nouveau prototype d'imprimante utopique, nous voulions utiliser des composants techniques de qualité industrielle pour construire un appareil qui puisse éventuellement concurrencer les modèles vendus sur le marché. C'est comme cela que nous nous sommes lancé·es dans la fabrication d'une imprimante fonctionnant avec des encres artisanales : la machine terrestrographique.

Parmi les nombreux travaux qui nous ont inspiré pour réaliser notre machine utopique, *The Toaster Project*[129] tient une place centrale. Dans ce projet très original, l'artiste-designer Thomas Thwaites se donne comme mission — presque impossible — de construire par lui-même un grille-pain en utilisant uniquement les ressources matérielles et techniques dont il dispose localement. Cette aventure technologique donne lieu à une enquête inédite qui emmène l'auteur aux quatre coins de l'archipel britannique. Pour ce projet, Thwaites a été amené entre autres à fabriquer une coque en plastique à partir de pommes de terre ; à construire un fourneau pour faire fondre des morceaux de minerai qu'il a extrait lui-même dans les Clearwell Caves dans le sud-ouest

128 Il s'agit de la bourse de soutien à une recherche/production artistique du CNAP (Centre national des arts plastiques) ainsi que de la bourse d'aide au projet de la Fondation des artistes.

129 Thomas Thwaites, *The Toaster Project: Or a Heroic Attempt to Build a Simple Electric Appliance from Scratch*, New York, Princeton Architectural Press, 2011.

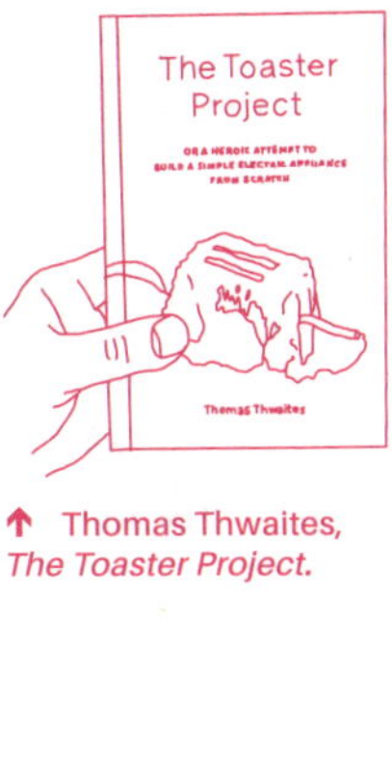

↑ Thomas Thwaites, *The Toaster Project.*

du Royaume-Uni; à bricoler un système d'électrolyse pour réaliser des composants en cuivre; ou bien encore à faire fondre des pièces de monnaie pour fabriquer certains éléments en nickel.

Dans le livre qu'il a consacré à ce travail en 2009, Thwaites documente toutes les étapes de ce projet complètement fou. Dans cet ouvrage où s'entrecroisent réflexions politiques et anecdotes de bricolage, l'auteur passe son temps à changer de casquette: il est tour à tour, apprenti chimiste, soudeur amateur, bricoleur érudit, sociologue des techniques ou bien encore pseudo-géologue. On se rend vite compte que pour cet artiste, ce qui importe ce n'est pas tant les performances de son futur appareil — qui d'ailleurs prendra feu dès la première utilisation — mais c'est plutôt le cheminement intellectuel que lui fait emprunter cette performance technologique.

La lecture de *The Toaster Project* nous a permis d'envisager autrement la construction d'une machine. Elle nous a permis de comprendre que dans ce genre de bricolage artistique chaque étape de fabrication d'un objet technologique peut donner lieu à une micro-investigation. Dès lors, construire une imprimante utopique — une machine terrestrographique — est devenu pour nous comme un voyage, une exploration au cours de laquelle nous savions qu'il ne serait pas toujours simple de savoir dans quelle direction il faudrait aller.

À la lumière de ces réflexions, il nous semble que peut apparaître ici une nouvelle catégorie de performance dans le champ de l'art: le « bricolage performé ». Dans ce type de performance, l'artiste ne met pas en scène un type de danse, de mouvement ou de gestes, mais iel décide de construire, de fabriquer ou de bricoler un objet technique. Ici ce qui fait performance, c'est l'action même de bricoler, c'est le fait même de tenter de fabriquer un objet plus ou moins impossible[130].

130 Dans le passé, plusieurs artistes ont déjà considéré la construction d'un dispositif technique comme une œuvre en soi. Cette idée est particulièrement mise en lumière dans certains des travaux du duo d'artistes Laurent Tixador et Abraham Poincheval. Dans leur œuvre de 2008 intitulée *Horizon moins vingt* par exemple, ces deux artistes ont construit un tunnel souterrain de vingt mètres de long. Dans cette performance à la fois absurde et dangereuse, ce qui compte ce n'est pas tant l'objectif à atteindre que le défi technique qu'il représente. L'artiste Song Hojun, quant à lui, s'est lancé en 2012 dans la construction d'un satellite. Au cours de ce projet intitulé *D.I.Y. satellite*, l'artiste aurait pu faire appel à tout un tas d'expert·es pour l'aider, mais il a choisi délibérément de se lancer seul dans cette aventure. D'après lui, il y avait un intérêt à endurer les immenses difficultés techniques et politiques qui empêchent les citoyen·nes de notre planète de construire par elleux mêmes les satellites dont iels ont réellement besoin.

LITTÉRATURE DE BRICOLAGE

Henri Mignet est un inventeur hors du commun qui a construit tout au long de sa vie des aéronefs révolutionnaires. En 1933, il décide de concevoir un petit avion fonctionnant avec un moteur de 500 cm³ et des ailes repliables, que chacun·e pourrait construire dans son garage: le Pou-du-ciel.

→ Réglage de la machine terrestrographique, 2020.

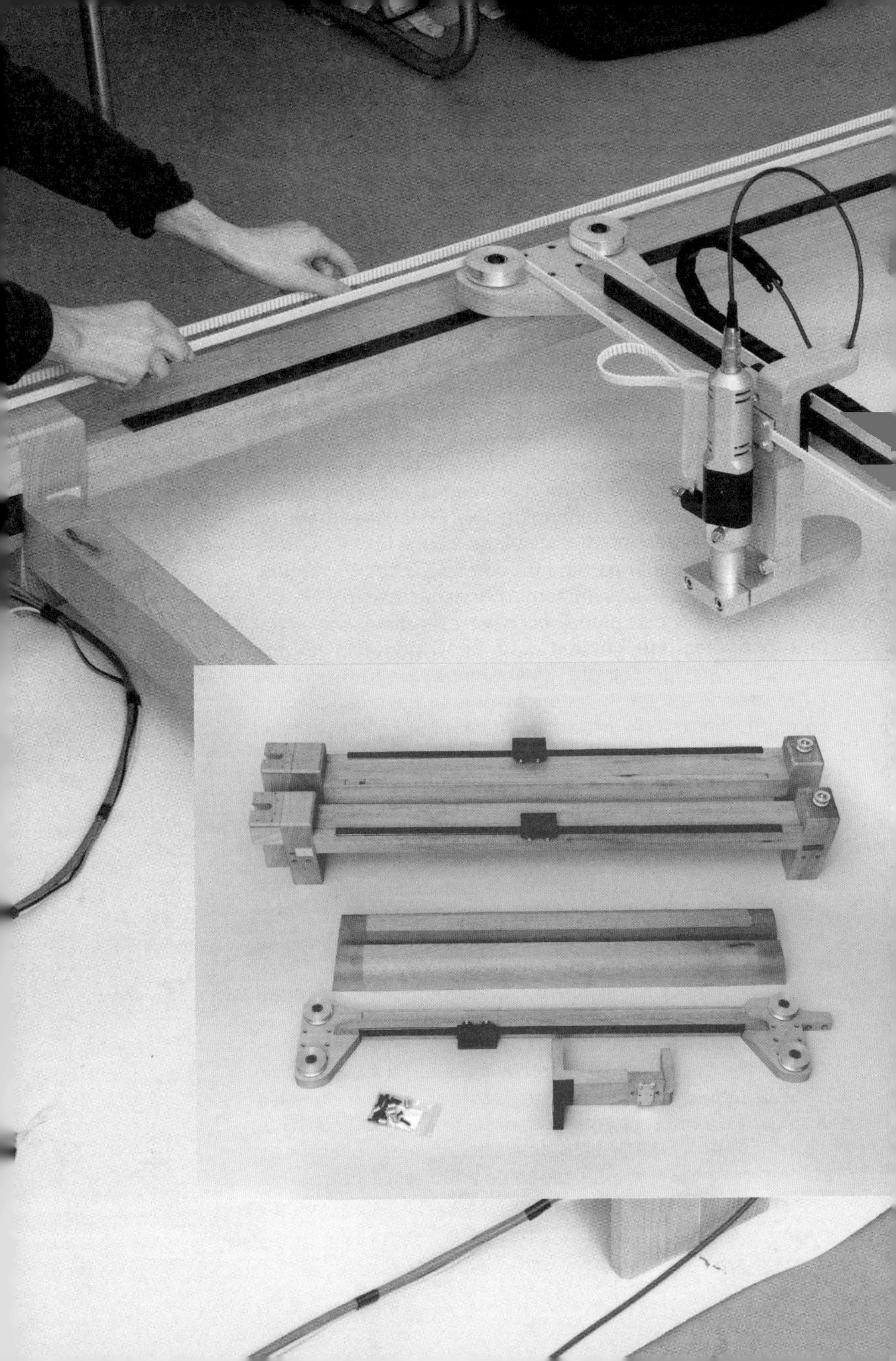

Selon nous, cette performance de bricolage pourrait tout à fait trouver sa place dans l'histoire de l'art aux côtés des installations cinétiques de Nicolas Schöffer, des machines hackées de Claire Williams, ou bien encore des combinaisons afrofuturistes de Kongo Astronauts. En effet, il ne s'agit pas là simplement d'un projet industriel, mais bel et bien d'une tentative utopique de changer le rapport que nous avons avec le ciel et les nuages en rendant accessible à toustes la possibilité de voler[131].

Sur le site internet de l'entreprise Mignet Aviation, on peut consulter librement un livre écrit par Mignet dans lequel il raconte l'aventure du Pou-du-ciel[132]. Dans cet ouvrage, on retrouve entremêlés des plans techniques, des réflexions philosophiques sur l'aviation, des explications sur les lois de l'aérodynamique et des récits de voyages réalisés par l'auteur. Loin d'être un texte aride et technique, ce livre richement illustré prend plutôt la forme d'un manuel en *open source* prônant l'émancipation technologique. En le parcourant, on a vraiment l'impression que s'invente ici une forme de texte inédit dans lequel le partage de connaissances, l'aventure, l'utopie et l'inventivité semblent à portée de main.

Ce que l'on comprend ici, c'est que dans une aventure technologique, comme dans une exploration ethnographique, ce qui compte, c'est souvent ce qui se passe en marge du projet. Inventer et construire une machine confronte les bricoleur·euses à une multitude d'obstacles qui sont autant d'opportunités pour déployer une nouvelle manière de penser le monde. C'est depuis les trous de perceuse ratés que læ bricoleur·euse pourra réfléchir à la standardisation des marchandises, c'est depuis les lignes de code erroné qu'iel pourra tenter de questionner notre degré de liberté dans un monde numérique et c'est depuis les erreurs de dimensionnement de ses composants qu'iel pourra réfléchir à nos désirs de toute-puissance. Autrement dit, les projets d'autoconstruction confrontent les bricoleur·euses à des questions de résistance des matériaux, de montage électrique, de circuit électronique, mais aussi à des problématiques juridiques, politiques, voire même parfois esthétiques. Ces aventures techniques, mais aussi humaines et philosophiques mériteraient un rayonnage entier dans les librairies et les bibliothèques : dans un futur proche, on trouvera peut-être à côté de la section littérature de voyage, une étagère consacrée à la littérature de bricolage.

131 Malheureusement, l'avion de Mignet ne recevra jamais le Certificat de navigabilité (CDN) qui aurait permis de développer à grande échelle ce modèle. La raison à cela c'est qu'il fut impossible de tester le comportement de cet appareil lorsqu'il décroche et se met à tomber en vrille. En effet, les qualités aérodynamiques exceptionnelles de ce petit aéronef rendaient tout simplement impossible ce genre de chute. Si le pilote venait à perdre le contrôle de son avion à la suite d'une panne de moteur par exemple, celui-ci descendait lentement à la manière d'un parachute sans faire de vrille !

132 Henri Mignet, *Le Sport de l'air. Pourquoi et comment j'ai construit le Pou-du-ciel*, Paris, Laffin-Lefort, 1934.

↑ Henri Mignet, *Le Sport de l'air. Pourquoi et comment j'ai construit le Pou-du-ciel.*

ENQUÊTE TÉLÉPHONIQUE

Lorsque l'on décide de travailler avec des composants électroniques un peu haut de gamme, il devient vite très difficile de trouver des ressources en ligne pour comprendre comment fonctionne ce matériel. Sur internet il existe des centaines de vidéos expliquant comment fabriquer un robot cartésien avec une carte électronique Arduino, en revanche on ne trouve presque aucune information sur la manière dont il est possible de construire le même type de machine avec des moteurs industriels des marques Thomson, Festo ou bien Maxon.

Pour contourner cette difficulté et obtenir les informations dont nous avions cruellement besoin pour ce projet de bricolage, nous avons pris notre téléphone et nous avons appelé les services techniques des entreprises qui vendent ou revendent du matériel électro-mécanique. Avec cette démarche, nous espérions trouver des ingénieur^{e}s compétent^{e}s qui pourraient nous aider à résoudre la multitude des questions que nous nous posions. Comment protéger le système électronique contre les courts-circuits ? Comment programmer un mouvement de moteur dans le logiciel Codesys ? Comment communiquer avec des moteurs en utilisant le protocole CANopen ? Comment programmer un driver de moteur pas à pas depuis un ordinateur ?

Grâce à cette démarche, nous sommes parvenu$_{e}$s à échanger autour de nos problèmes de bricolage artistique avec plus d'une dizaine de personnes expertes dans le domaine de la robotique. Tout cela gratuitement bien sûr. C'est comme cela que patiemment, jour après jour, nous avons réussi à avancer sur notre projet et que nous sommes parvenu$_{e}$s au bout de quelques semaines d'enquête à achever le plan complet de notre machine.

Lors de notre enquête téléphonique auprès des entreprises qui vendent de l'électronique ou des moteurs électriques, nous avons systématiquement fait face à une polarisation genrée des statuts professionnels : les standardistes étaient presque toujours des femmes alors que les ingénieur^{e}s étaient à tous les coups des hommes. D'autre part, nous avons remarqué que dans les documents commerciaux de ce genre d'entreprise, les standardistes et les ingénieur^{e}s du service technique sont représentés à travers des stéréotypes problématiques.

1.

2.

3.

4.

5.

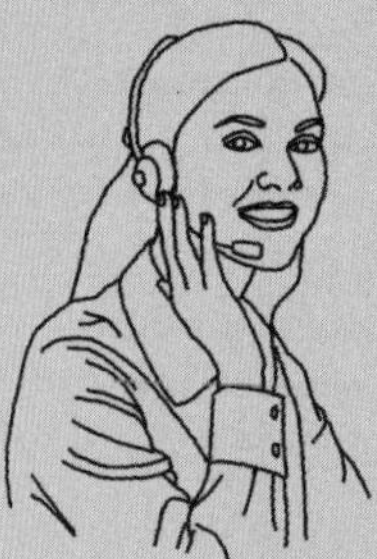

6.

7.

8.

9.

10.

Læ standardiste est le plus souvent présenté·e comme une femme jeune, à la peau claire et aux cheveux lisses. Par ailleurs, l'ingénieur·e est généralement présenté·e comme un homme blanc d'une trentaine d'années avec une barbe soigneusement taillée.

Tout cela a sans doute contribué à faire émerger un ressenti un peu étrange lors de ces entretiens téléphoniques. Il nous a semblé qu'au cours de ces échanges informels que nous avons eus avec les standardistes et les ingénieurs, tout le monde semblait plus rassuré lorsque c'était un homme qui s'exprimait sur les questions de technologie. C'est ainsi que la question du genre s'est furtivement immiscée dans cette opération de recherche.

Le plus irritant dans cette histoire c'est que les stéréotypes de genre que nous renvoyaient les entreprises de robotique faisaient écho à une réalité que nous ne voulions pas forcément regarder en face et qui pourtant nous concernait directement. En effet, dès le début de ce projet, nous avons constaté qu'au sein même de notre binome, nous n'étions pas en position d'égalité lorsqu'il s'agissait de résoudre des problèmes techniques. En tant qu'homme, l'un d'entre nous avait pu jouer dès son enfance avec des jeux qui l'avaient en quelque sorte préparé à une forme de pensée scientifique, tandis que l'autre comme beaucoup de femmes avait plutôt été sensibilisée à une approche empathique de la réalité. En un mot, nous ne partagions pas le même niveau de connaissance en matière de mathématiques, de physique et de robotique.

Pour éviter de renforcer ces stéréotypes de genre, et pour ne pas alimenter une logique d'auto-validation de ces logiques aliénantes — c'est normal que les choses soient ainsi, puisqu'elles sont ainsi — nous avons fait le choix tout au long de la fabrication de notre imprimante utopique de pratiquer une forme de partage des savoirs non genré. Cela signifie qu'au cours de ce projet nous avons été particulièrement attentif·ves à ce que les connaissances sur les moteurs, les courroies crantées et les branchements électriques soient accessibles à l'un·e comme l'autre.

Ainsi, ce projet a aussi pris la forme d'une sorte d'atelier d'auto-formation à la robotique artisanale inspirée des pratiques mises en place par certains collectifs féministes[133].

133 Voir la démarche collective du TransHackFeminist de la colonie éco-industrielle post-capitaliste à Calafou en Espagne. *A TransHackFeminist (THF!) Convergence Report*, 2014, https://archive.calafou.org/en/content/transhackfeminist-thf-convergence-report.html (consulté le 10 février 2023).

← Dessins realisés à partir d'images issues des sites web de service après-vente d'imprimantes des marques Epson et HP. 1. alldayhelpllc.com, 2. epsontechnicalsupport.over-blog.com, 3. getcontacthelp.com/epson, 4. epsonsupports247.com/epson-inkjet-printer-setup, 5. contacthelpsupport.com/epson-support, 6. hpsupporthelps.com, 7. epsonprintersupportpro.us, 8. advsoftware.net, 9. printerhelpnumbers.co.uk, 10. townscript.com (consultés le 23 mars 2021).

ROBOT CARTÉSIEN

Notre machine terrestrographique est conçue sur le modèle du robot cartésien. Un robot cartésien est une machine automatisée qui peut déplacer un objet selon les coordonnées (x, y) qu'on lui fournit. Autrement dit, un robot cartésien est une machine capable d'effectuer des mouvements soit horizontalement sur l'axe des abscisses (x), soit verticalement sur l'axe des ordonnées (y). Pour effectuer ce type de mouvement, les robots cartésiens actionnent deux moteurs simultanément en fonction des commandes que lui envoie son opérateur·ice. En fonction du type de montage que l'on décide de réaliser, on peut choisir de mobiliser un moteur par axe ou d'opter pour des cinématiques plus complexes.

Il est intéressant de noter que le robot cartésien est un des premiers périphériques informatiques utilisés dans le monde des arts visuels. À partir des années 1960, plusieur·es artistes ont essayé d'utiliser ce nouvel instrument pour enrichir leur pratique. En 1971, Manfred Mohr, un artiste pionnier dans l'art génératif, a par exemple utilisé un robot cartésien appartenant au Centre de calcul de la météorologie nationale pour réaliser les œuvres de son exposition intitulée *Une esthétique programmée*[134].

↑ Manfred Mohr avec un robot cartésien traceur dans son exposition *Computer Graphics. Une esthétique programmée.*

134 Manfred Mohr, *Une esthétique programmée*, exposition, Musée d'art moderne de la ville de Paris, 1971.

En ce sens, il nous semble qu'utiliser aujourd'hui un robot cartésien dans un projet artistique est une manière de se relier à la filiation de cel·eux qui ont défriché les potentialités des technologies numériques au début des années 1970. C'est une manière de se connecter aux esthétiques des artistes qui ont très tôt utilisé des machines électroniques et numériques à une époque où celles-ci ne semblaient destinées qu'aux scientifiques et aux ingénieur·es.

SCHÈME TECHNIQUE

Dans son livre *Du mode d'existence des objets techniques*, Gilbert Simondon introduit la notion de « schème technique[135] ». Pour le philosophe, le schème technique est l'unité de base qui compose les appareils complexes qui nous entourent. Par exemple, une arbalète utilisera à la fois le schème technique de l'arc, celui de la gâchette et celui de la manivelle. En ce sens une arbalète est un assemblage

135 Gilbert Simondon, *Du mode d'existence des objets techniques* [1958], Paris, Aubier, 2010, p. 23.

→ Maquette du schème technique d'un robot cartésien avec cinématique en H.

complexe dans lequel viennent s'embrancher trois schèmes qui n'ont a priori rien à voir entre eux. C'est cet embranchement de trois schèmes techniques qui transformera un assemblage rudimentaire de bois, de chanvre et de métal en une arme à la fois fonctionnelle et efficace[136].

136 *Ibid.*, p. 23.

Parmi les schèmes techniques que l'on retrouve dans notre machine, il y en a un qui nous intéresse particulièrement. Il s'agit d'un montage en H dans lequel des poulies de renvoi reportent le mouvement de deux moteurs sur un élément mobile fixé à une courroie crantée. Ce type de plan de montage permet une cinématique élégante et il a de nombreux avantages. Il permet entre autres d'éviter d'embarquer des éléments fragiles sur l'axe transversal du robot cartésien. Ce mouvement est difficile à aborder au premier regard et il nous a fallu un certain temps pour comprendre comment fonctionnait ce dispositif mécanique un peu contre-intuitif. À vrai dire, c'est seulement en construisant une petite maquette rudimentaire avec quelques vis et un morceau de ficelle que nous avons réussi à comprendre le fonctionnement de cette cinématique.

Lorsque nous tenions entre nos mains ce petit mécanisme fragile et que nous faisions bouger l'axe transversal avec nos doigts, tout semblait très simple. Il y avait une sorte d'évidence dans ce montage, quelque chose comme une forme de beauté mécanique. Ici l'enquête haptique prend une dimension très concrète : la main en touchant ce genre de mécanisme incorpore d'une certaine manière la logique de ce schème technique. Le type de savoir que l'on retire de cette expérience est d'une grande richesse sensorielle et intellectuelle et elle affine considérablement, selon nous, notre relation aux objets technologiques.

Simondon, à plusieurs reprises, regrette le manque de culture technique chez ses contemporaines européennes. Aujourd'hui encore, si pour la plupart d'entre nous il est facile de reconnaître et de dater le style d'une architecture, il est en revanche beaucoup plus compliqué de distinguer les schèmes techniques qui sont assemblés dans une machine. En un mot nous continuons à souffrir collectivement d'une forme d'analphabétisme technologique. Imaginons un instant le monde dans lequel nous pourrions vivre si, dès l'école primaire les grands principes techniques étaient enseignés aux enfants comme peuvent l'être la grammaire ou la géométrie, l'histoire ou la géographie. Cette éducation

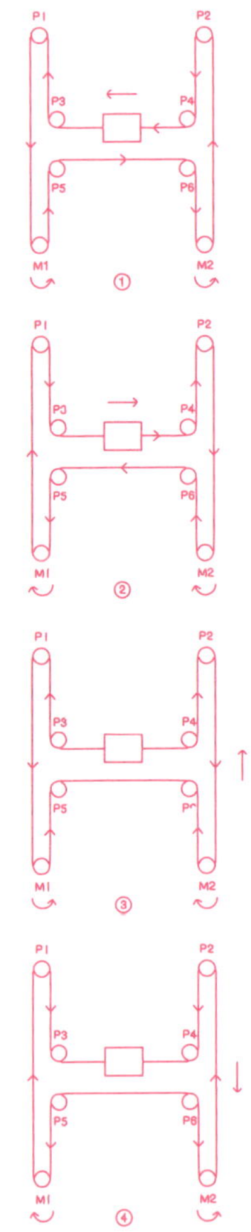

↑ Schémas montrant les mouvements possibles de l'axe suivant les coordonnées x et y.

précoce à la reconnaissance des schèmes techniques ferait sans doute de nous des citoyen·nes plus responsables face à l'usage que nous faisons des machines.

760 MOUVEMENTS MÉCANIQUES

Le livre intitulé *760 Mouvements mécaniques*[137] est un ouvrage d'une beauté assez particulière. En effet, dans ce livre illustré de schémas, on trouve une multitude de systèmes d'engrenage, d'assemblages de poulies ou bien encore de dispositifs de levier, tous décrits avec une grande précision.

La lecture de ce recueil à vocation encyclopédique procure une expérience de pensée très particulière. Chaque vignette exposant le fonctionnement d'un schème technique demande aux lecteur·ices de se représenter mentalement un mouvement mécanique bien spécifique. La lecture de ce livre conduit à mobiliser une forme de faculté d'imagination très spécifique : l'imagination mécanique.

Ainsi, le schème technique n° 433 est décrit dans une langue à la fois minimaliste et concrète :

> Les poulies 1 et 2 calées respectivement sur les deux arbres concourants A et B sont réunies par l'intermédiaire d'une courroie passant sur deux poulies guides. Utilisation : dans de petites foreuses à axe vertical commandé par un arbre de transmission horizontal[138].

La contemplation de ce schème technique, qui appartient à la grande famille des dispositifs permettant « l'obtention d'un mouvement circulaire continu » et à la catégorie des cinématiques fonctionnant selon des « entraînements par liens flexibles », peut produire une forme de plaisir esthétique à la fois rugueux et mouvementé. En effet, à ce stade de description, le schème technique peut s'envisager indépendamment de toute forme d'usage.

Il peut alors flotter dans notre esprit comme une pure potentialité mécanique en attente de son implémentation dans la matérialité du monde[139]. C'est cet état de latence, cette attente de l'usage, cette promesse d'efficacité suspendue qui rend selon nous ce genre de description technique si émouvante.

137 Georges Vander Haeghen, *760 Mouvements mécaniques*, Saint-Laurent-Le-Minier, Decoopman, 2015.

138 *Ibid.*, p. 197.

139 Cette expérience de lecture technique, nous a rappelé par certains aspects certaines propositions poétiques que l'on trouve dans la littérature du XXe siècle. Ainsi dans *Le Dépeupleur*, un texte énigmatique de Samuel Beckett, la·e lecteur·ice ne suit pas l'histoire d'un·e héro·ïne, ou ne découvre pas la beauté cachée d'un paysage, mais iel est amené·e à expérimenter le fonctionnement à la fois logique et erratique d'un espace de narration qui semble fonctionner comme une machine un peu folle. Tout l'enjeu de ce texte, c'est de permettre aux lecteur·ices de ressentir, parfois de manière très haptique d'ailleurs, une machine littéraire sans objet. Samuel Beckett, *Le Dépeupleur*, Paris, Les Éditions de Minuit, 1970.

Étymologiquement, l'émotion a quelque chose à voir avec le mouvement. L'émotion c'est dans cette perspective quelque chose qui nous mouvemente de l'intérieur. Si l'on visualise traditionnellement les émotions à l'aide d'images météorologiques — on parlera alors d'un orage de colère, d'une pluie de tristesse ou bien encore d'un brouillard d'incertitude — pourquoi ne pourrions-nous pas également mobiliser des analogies plus mécaniques pour parler de ce que nous ressentons ? On pourrait parler de la vis sans fin de la colère, de l'encliquetage de la tristesse, ou bien encore de l'arbre de transmission de l'incertitude.

Alors que nous sentons que certaines technologies nous échappent, il pourrait être intéressant de retrouver un peu d'émotion mécanique. En retour, ce travail pourrait bien également enrichir la manière dont nous décrivons la mécanique de nos émotions.

MACHINE CONCRÈTE / MACHINE ABSTRAITE

Le philosophe Gilbert Simondon a observé que, dans l'évolution des assemblages technologiques, les schèmes techniques ont tendance à fusionner progressivement entre eux, jusqu'à former des mécanismes de plus en plus autonomes. Pour illustrer cette idée, il prend pour exemple les débuts du moteur thermique, où le système de refroidissement et le bloc moteur étaient deux ensembles techniques bien distincts : d'un côté, un ventilateur destiné à refroidir le moteur ; de l'autre, un bloc métallique renfermant une chambre de combustion[140].

Avec le temps, les ingénieur·es ont conçu des blocs moteurs dotés d'ailettes latérales. Ces ailettes, en augmentant la surface d'échange thermique, permettaient aux moteurs d'être refroidis plus efficacement par l'air ambiant. Mais surtout, elles renforçaient la structure même du bloc moteur. Selon Simondon, cette étape de fusion des schèmes techniques peut être décrite comme un processus de « concrétisation[141] » : deux fonctions initialement séparées — le refroidissement et la solidité structurelle — se sont unies en une seule pièce pour produire un assemblage à la fois plus stable et plus efficace.

Pour Simondon, l'évolution des machines suit une logique où l'on passe de l'*abstraction* à la *concrétisation*.

140 Gilbert Simondon, *Du mode d'existence des objets techniques*, *op. cit.*, p. 25.

141 *Ibid.*, p. 23-24.

Au départ, une machine est un simple assemblage de schèmes techniques reliés de façon fonctionnelle. Progressivement, à mesure que les innovations s'accumulent, ces schèmes se rapprochent, se fondent les uns dans les autres, jusqu'à devenir des ensembles indissociables. La machine devient alors si compacte, si *concrète*, qu'il devient presque impossible d'en discerner les schèmes techniques d'origine.

↑ Gilbert Simondon, *Du mode d'existence des objets techniques*, dessin à partir d'une page du livre.

Or, cette concrétisation a un effet paradoxal : plus la machine devient efficace, solide et compacte, plus elle nous devient opaque, étrangère. Les processus de concrétisation qui semblent accompagner presque naturellement l'évolution des objets technologiques altèrent également la qualité de notre relation avec les machines. Lors de cette évolution, il nous semble que les objets technologiques nous échappent progressivement, et il devient difficile de les comprendre, de les réparer, ou même simplement de les améliorer.

C'est avec cette idée en tête que nous avons conçu notre machine utopique. Nous avons fait le choix de rester du côté de l'abstraction : chaque schème technique devait être visible, identifiable, accessible à l'œil nu. Ce choix a permis une meilleure lisibilité de la machine tout en réduisant largement son efficacité opérationnelle. Ainsi se dessine une tension entre lisibilité et efficacité. Dans les années à venir, nous devrons probablement choisir notre position sur cette ligne de partage : voulons-nous des machines puissantes, mais opaques, ou des machines lisibles, mais moins performantes ?

MACHINE CONVIVIALE

Pour le penseur Ivan Illich, la notion de « convivialité[142] » permet de réfléchir à la relation que nous entretenons avec les machines. Dans la pensée de ce chercheur, lorsqu'une machine est conviviale, elle permet à ses utilisateur·ices de l'entretenir, de l'améliorer et de la réparer toustes seul·es. Une machine conviviale, c'est un objet qui donne de la puissance sans jamais enfermer son utilisateur·ice dans une forme de dépendance. À l'inverse, lorsque pour perfectionner, bidouiller ou détourner une machine, l'utilisateur·ice doit faire appel à un·e professionnel·le, la machine devient un objet aliénant. Une machine aliénante est un objet qui nous donne une illusion de liberté tout en entravant le déploiement de notre curiosité technologique.

142 Ivan Illich, *La Convivialité*, [1973], Paris, Points, 2014.

La notion de convivialité permet également de construire une sorte d'éthique de l'objet technologique. Ainsi, dans une société conviviale, Illich nous dit que les citoyen·nes sont capables de déterminer « les seuils de nocivité[143] » des technologies qu'iels mobilisent. Cela signifie que, dans ce genre de société, lorsque les objets techniques « se retournent contre leur fin ou qu'ils menacent l'homme on limitera le pouvoir de l'outil[144] ».

Cette précaution doit aider les humain·es à sortir de leur statut de « gestionnaires[145] » des technologies. En somme, cette émancipation doit permettre aux individu·es d'accéder à une forme d'autonomie technologique.

143 *Ibid.*, p. 12.

144 *Ibid.*, p. 12.

145 *Ibid.*, p. 12. Ce terme fait écho au terme de « fonctionnaire » employé par Vilém Flusser dans *Pour une philosophie de la photographie*, *op. cit.*

La notion de convivialité permet également à Illich de clarifier la distinction entre les outils « maniables » et les outils « manipulables »[146]. Ce philosophe nous dit que les outils conviviaux sont des outils qui ne dépendent pas d'un réseau extérieur au corps humain. En ce sens, ils sont directement maniables. Ce n'est pas le cas des appareils technologiques qui ont besoin d'être branchés à une prise de courant pour fonctionner : ces objets ne sont plus *maniables*, ils sont simplement *manipulables*.

146 Ivan Illich, *La Convivialité*, *op. cit.*, p. 44-45.

Nous voulions que notre machine puisse se rapprocher d'une manière ou d'une autre le plus possible de ce qu'Illich appelle un outil maniable. Aujourd'hui nous nous rendons compte que nous ne sommes jamais parvenu·es à accomplir cet idéal de convivialité. Malgré tous nos efforts, notre machine reste un objet branché à des réseaux électriques et numériques sur lesquels nous pouvons difficilement agir. Cette expérience de construction nous a confronté·es, d'une certaine manière, à l'impossibilité de réaliser aujourd'hui des machines numériques complètement conviviales. On ne peut que viser un *coefficient de convivialité*, en espérant que celui-ci soit le plus haut possible.

LE PORTRAIT DE MASANOBU FUKUOKA

Masanobu Fukuoka est le père de la permaculture japonaise. Dans son ouvrage *La Révolution d'un seul brin de paille*[147], il décrit sa méthode pour obtenir des sols vivants en utilisant une technique de paillage minimaliste. Dans ce livre, Fukuoka présente la permaculture comme une forme de science du non-agir dans laquelle l'être humain, en mo-

147 Masanobu Fukuoka, *La Révolution d'un seul brin de paille*, [1975], Paris, Guy Trédaniel, 2005. Dans les années 1970, Fukuoka propose une alternative aux monocultures qui épuisent et abiment les terres, il s'agit d'une agriculture naturelle basée sur une observation fine de l'écosystème humain et non humain que constitue une terre agricole.

→ Impression d'un portrait de Masanobu Fukuoka avec une encre fabriquée à partir de baies d'arbre du clergé glanées dans un parc à Paris, 2020.

bilisant le moins d'effort possible, s'appuie sur les dynamiques organiques pour faire pousser les nutriments dont il a besoin pour se nourrir.

En construisant notre machine terrestrographique, nous voulions nous inscrire dans la continuité de la pensée de Fukuoka. Nous espérions arriver à faire une machine qui soit capable d'imprimer des images en accord avec la dynamique des environnements dans laquelle elle était implémentée. Un peu comme si produire une image pouvait être aussi fluide et facile que de cultiver des framboises. Dans ce contexte, l'image ne serait plus uniquement le résultat d'une volonté individuelle, mais elle serait le reflet d'une relation vertueuse avec l'écosystème qui l'entoure.

C'est donc assez naturellement que la première image que nous avons choisi d'imprimer avec notre machine utopique a été un portrait de Fukuoka. Cette impression d'une définition de quelques dpi seulement, réalisée à partir d'une encre obtenue à la suite d'une décoction de baies cueillies sur un arbre du clergé, a demandé plus d'une dizaine d'heures de travail pour notre machine. Ce portrait fait de plusieurs centaines de gouttes colorées plus ou moins uniformes synthétise à lui tout seul les contradictions de nos rêves technologiques.

Il dit notre désir et notre incapacité à construire la relation équitable que nous souhaitons établir avec le monde des machines. Peut-être que dans quelques années, une assemblée de yogis techno-anarchistes écrira un manuel de *permacomputing*[148] dans lequel il sera expliqué comment fabriquer des machines qui épousent les flux et les reflux de notre planète techno-organique. En attendant, nous essaierons de continuer à bricoler de nouveaux assemblages machiniques en espérant un jour tomber sur la bonne formule.

148 Voir l'article de Sophie Kloetzli, « Le "permacomputing", ou quand la permaculture s'applique à l'informatique », *Usbek & Rica*, 21 octobre 2024, https://usbeketrica.com/fr/article/le-permacomputing-ou-quand-la-permaculture-s-applique-a-l-informatique (consulté le 20 avril 2025).

➔ Impression d'une image avec la machine terrestrographique, 2020.

ALIM MOT1
CAN ViPRO
MOT 2
MOT 1

opération n°6 : établir un nuancier de couleurs terrestres

Afin de contourner l'usage polluant des cartouches d'encre d'imprimantes standardisées, nous avons produit nos propres couleurs. Ces encres, nous les avons fabriquées à partir de matières colorantes collectées lors de promenades sur différents lieux. Cette opération de recherche nous a permis de questionner l'origine matérielle de la palette chromatique que nous avons l'habitude d'utiliser quotidiennement.

PUSH
APPUYEZ
T0962
C
EPSON
Do not remove this label
Ne retirez pas cette étiquette
T0962

UN PROBLÈME D'ENCRE

Les imprimantes à jet d'encre fonctionnent grâce à des cartouches d'encre spécifiques. Autrement dit, lorsque nous faisons l'acquisition d'une imprimante, nous savons qu'à échéances régulières nous allons devoir acheter ce type de consommable. C'est un peu comme souscrire à un abonnement. Année après année, nous devons continuer à donner de l'argent au fabriquant de notre imprimante.

Lorsque l'on étudie le fonctionnement des imprimantes à jet d'encre, on se rend vite compte que les cartouches d'encre sont des objets hautement problématiques. Pourquoi ces consommables sont-ils si chers[149] ? Est-il possible de contourner leur obsolescence programmée[150] ?

Lorsque nous avons imaginé notre imprimante utopique, nous avons rapidement dû réfléchir au type d'encre que nous allions pouvoir utiliser pour la faire fonctionner. Dans le cadre de cette démarche, nous voulions essayer d'être les plus autonomes possible. Nous voulions pouvoir en quelque sorte être les producteur·ices de l'encre que nous allions utiliser pour imprimer nos images avec notre machine terrestrographique.

149 Voir l'article « 2830 euros le litre : pourquoi l'encre d'imprimante coûte-t-elle aussi cher ? », TF1 Info, 10 mars 2021, https://www.tf1info.fr/conso/video-2830-euros-le-litre-mais-pourquoi-les-cartouches-d-encre-des-imprimantes-coutent-elles-si-cher-2180076.html (consulté le 10 mai 2023).

150 Voir la thèse de Jeanne Guien, *Obsolescences : philosophie des techniques et histoire économique à l'épreuve de la réduction de la durée de vie des objets*, thèse de doctorat, Université Paris 1 Panthéon-Sorbonne, 2019.

FABRIQUER SES ENCRES D'IMPRESSION

Le designer Jeon Hwan Ju pense que les imprimantes devraient pouvoir, d'une manière ou d'une autre, fonctionner avec les restes de nos cafetières qui sont souvent jetés dans l'évier. Il a donc imaginé le Riti Coffee Printer[151], un petit prototype d'imprimante dont la cartouche d'encre est entièrement rechargeable avec des résidus de café froid.

Si ce dispositif n'est pas recommandé pour des documents demandant à être archivés sur une longue durée, il est en revanche capable de produire des impressions monochromes de couleur brune d'une précision acceptable pour la plupart des usages du quotidien. Malgré les différentes récompenses décernées à cette machine dans le monde du design, le Riti Coffee Printer est malheureusement resté à l'état de design spéculatif. Aucune grande marque d'imprimante n'a décidé de travailler avec Jeon Hwan Ju pour imaginer un modèle qui répondrait aux besoins d'un public sensible aux questions environnementales[152].

151 Jeon Hwan Ju, *Riti Coffee Printer*, 2009.

152 Dans le cadre de notre enquête, nous avons découvert la machine imaginée par Ted Kinsman. En 2016, cet universitaire a fabriqué une imprimante fonctionnant au café à l'aide d'un système de goutte-à-goutte que nous avons trouvé très ingénieux. Ted Kinsman, *Coffee Drip Printer*, imprimante, 2014, https://www.rit.edu/spotlights/coffee-drip-printer (consulté le 3 juin 2023).

← Démontage d'une cartouche d'encre Epson, 2021.

Lorsque l'on fait la cuisine, on peut facilement observer les pouvoirs colorants de certains légumes. Lorsqu'il est cuit, le chou rouge produit par exemple un bleu très intense, la betterave un magenta éclatant et l'ognon un jaune très subtil. Serait-il possible d'utiliser les propriétés colorantes de ces légumes pour imprimer des images ? Le projet de Jeon Hwan Ju nous a donné l'envie de creuser cette piste. C'est comme cela que nous avons commencé à nous interresser aux propriétés tinctoriales de certaines plantes.

ENCRE VÉGÉTALE

Lorsque nous avons commencé notre recherche, nous avons lu plusieurs livres autour de la fabrication de teinture ou d'encre à partir de matières végétales. Malheureusement, la plupart d'entre eux ne nous ont pas véritablement servi. Ces ouvrages nous ont semblé soit très techniques[153], soit très historiques[154], et à travers leur lecture, nous n'avons pas réussi à mettre la main sur les ressources pratiques dont nous avions réellement besoin.

Pour contourner cette difficulté, nous nous sommes formé·es auprès d'une spécialiste des plantes tinctoriales. Nous avons suivi un stage organisé par Betty de Paris dans le 20e arrondissement de Paris. Cette chercheuse en ethnobotanique a acquis les techniques de teinture végétale au Japon auprès d'un maître teinturier en indigo qui lui a transmis ses savoirs traditionnels.

La première étape de l'atelier est consacrée à la découverte matérielle de plusieurs plantes à travers leurs propriétés colorantes. La gaude, le curcuma et le sophora donnent de très belles nuances de jaune ; la garance et le bois du Brésil donnent une couleur rouge ; l'arbre du clergé, le bois de campêche et le pastel donnent des bleus plus ou moins stables ; le nerprun et l'artichaut donnent des nuances de vert ; la suie et la noix de galle donnent un noir très profond.

La deuxième étape est dédiée à la teinture sur tissu telle qu'on la pratiquait au Moyen Âge. Il faut faire chauffer plusieurs grandes marmites sur des plaques électriques pendant que les matières végétales sont réduites en petits morceaux. Peaux d'avocat, pelures d'ognon rouge, écorces de grenade, bourgeons de sophora, racines de garance sont

153 Marie Marquet, *Guide des teintures naturelles. Plantes à fleurs*, Paris, Belin, 2019.

154 Dominique Cardon, *Le Monde des teintures naturelles*, Paris, Belin, 2014.

↑ Tissu de laine teinté, enluminure, 1482, British Library Royal. Dessin à partir de l'enluminure.

découpés puis pesés et plongés dans un volume d'eau correspondant à leur poids.

Chaque plante contient différentes molécules colorantes qui pour être extraites nécessitent un temps de bouillon spécifique. Il faut veiller à ce que l'eau se colore doucement en gardant sa vivacité, car si elle fonce trop, elle vire au brun. Hors du feu, les échantillons de tissu sont plongés dans l'eau pour être teints. Mais puisque c'est l'encre pour imprimer sur papier qui nous intéresse, il nous suffit d'utiliser le bain coloré tel quel ou de le faire réduire en chauffant un peu plus longtemps pour que la couleur soit plus concentrée.

GLANAGE CHROMATIQUE

Après avoir appris comment transformer de la matière végétale en encre colorée, il nous fallait trouver une manière de nous fournir en matière colorante. Certaines boutiques à Paris et certaines plateformes marchandes sur internet vendent de la matière brute prête à être transformée directement en matière colorante. Dans ces espaces de vente, on trouve de la matière végétale, minérale ou animale dont l'origine est plus ou moins bien référencée. Nous aurions pu facilement nous fournir dans ces boutiques, mais cette solution ne nous convenait pas complètement.

Au fond ce que nous désirions, c'est nous procurer notre matière végétale de manière directe. Nous voulions ramasser les matériaux qui seraient à l'origine de nos couleurs directement dans la rue, dans les poubelles et dans les parcs. Nous voulions que l'acte même de collecter des couleurs soit un geste en accord avec le type de relation que nous aimerions développer avec notre environnement.

Ce que nous voulions c'est que les pigments de nos encres soient obtenus sans violence et dans le cadre d'une relation qualitative avec le milieu auquel nous participons. Dans cette perspective, cela n'avait pas de sens de passer par une boutique marchande.

C'est pour cette raison que nous avons commencé à glaner de la matière colorante au cours de nos promenades. Nous avons commencé à ramasser les baies de l'arbre du clergé, des fragments d'écorce de bouleau et des bouts d'algues sur les plages de Bretagne. La curiosité nous a poussé·es à ramasser également d'autres types de matières colorantes : des écrous rouillés dans la ville de Metz, des mégots de cigarettes dans Paris et des fragments de briques en Normandie. Nous avons appelé cette activité le *glanage chromatique*.

ÉTABLIR UN NUANCIER

De retour dans notre atelier nous avons voulu transformer les matériaux que nous avions collectés en encre colorée. Nous avons fait macérer des bouts de métal dans de l'eau et du vinaigre, nous avons broyé des morceaux de coquillages dans un peu d'eau et nous avons lentement fait bouillir des tiges de fougère humidifiées.

Nous avons fait toutes sortes de tests et d'expériences pour trouver des manières de créer de la couleur en fonction de ce que nous avions ramassé. Parfois, nous avons appliqué des recettes ancestrales, et d'autres fois nous avons complètement improvisé. Certaines fois, nous avons obtenu des teintes d'une rare beauté, et d'autre fois, nous avons obtenu des couleurs si transparentes qu'elles étaient presque invisibles à l'œil nu.

↑ Préparation d'encre à partir de baies d'arbre du clergé (*clerodendrum tricotomum*).

Pour chacun de ces tests, nous avons consigné les recettes que nous avons expérimentées dans un grand carnet. Parallèlement à ce travail, nous avons également gardé une trace des propriétés colorantes de ces matières en appliquant nos couleurs sur un échantillon de papier. Ainsi, pour chacun des matériaux que nous avons collectés, nous avons produit un aplat de couleur sur une petite feuille de format 12 x 16 cm.

Arrivé·es au terme de ce travail, nous avons réalisé que nous avions fabriqué des nuanciers qui reflétaient chacun des terrains que nous avions investigués. Chaque nuancier que nous avions réalisé racontait un certain rapport au paysage et l'attention que nous avions portée à ce qui jonchait le sol. La juxtaposition des teintes que nous avions obtenues dans chacun de ces nuanciers était assez différente de la couleur des paysages que nous avions rencontrés. Mais malgré cela, dans chacune de ces couleurs était inscrit un souvenir, un lien particulier avec la Terre, une certaine manière d'avoir pris soin de ce qui nous entoure.

→ Matières glanées à Paris, Metz, et Trouville, 2020-2024.

↓ Double page suivante : tests d'encres sur papier, 2020-2024.

SPIRULINE - PARIS - JANV. 2020
GRANULES DILUÉES À FROID
CUPULE DE GLAND - NOV. 2019
FORÊT DE FOSSE-REPOSE - BOUILLON
OIGNON ROUGE - PARIS
DÉC. 2019 - BOUILLON 2H
OXYDE DE CUIVRE - PARIS
MAI 2021 - 3 MOIS
APRÈS FABRICATION

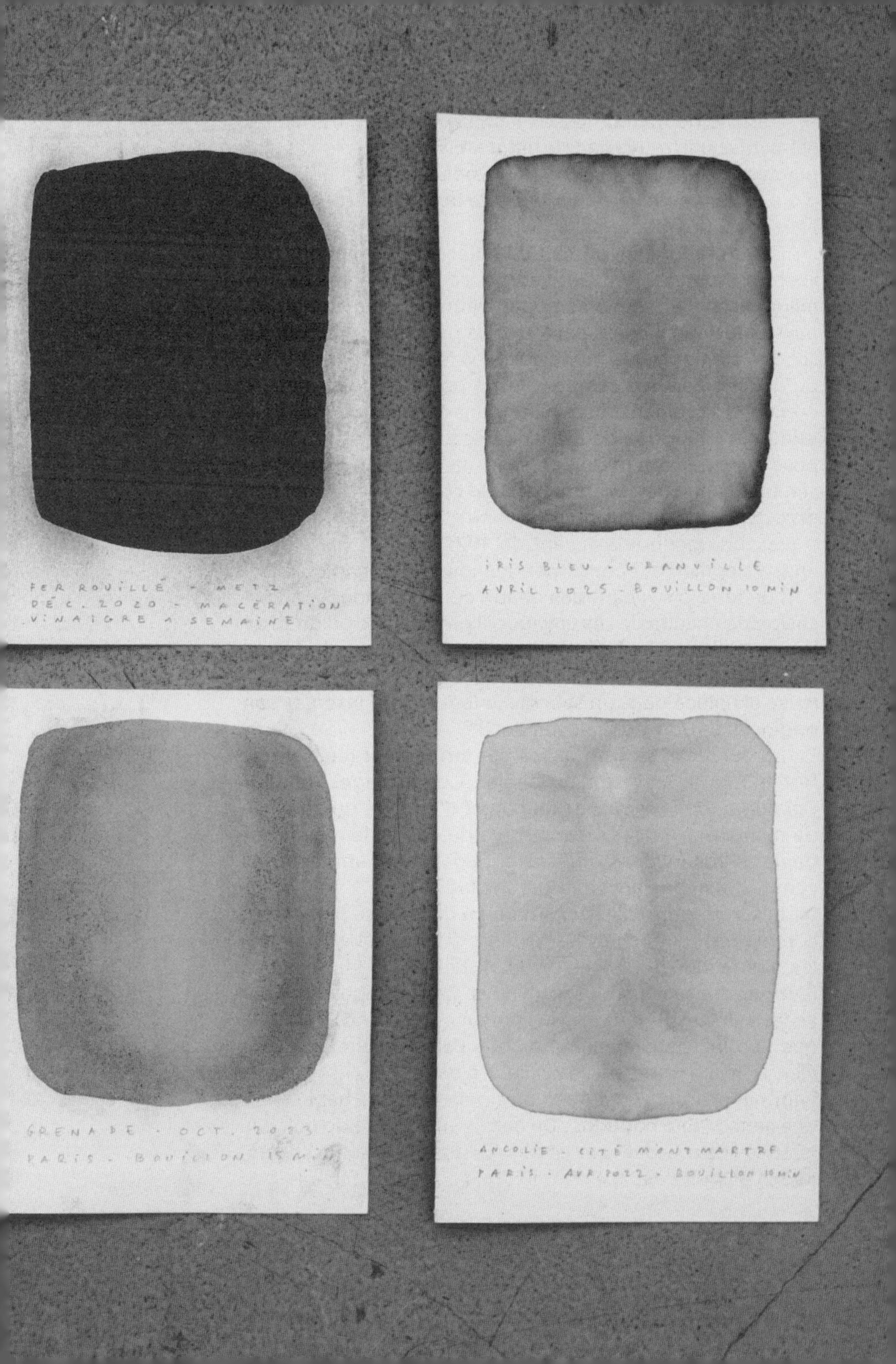
FER ROUILLÉ - METZ
DÉC. 2020 - MACÉRATION
VINAIGRE 1 SEMAINE
IRIS BLEU - GRANVILLE
AVRIL 2025 - BOUILLON 10 MIN
GRENADE - OCT. 2023
PARIS - BOUILLON 15 MIN
ANCOLIE - CITÉ MONTMARTRE
PARIS - AVR 2022 - BOUILLON 10 MIN

HERMAN DE VRIES

L'artiste herman de vries[155] utilise dans son travail des éléments qu'il trouve dans la nature tels que des pierres, des plantes, de l'eau, de la terre. Depuis plusieurs années, il déploie patiemment une esthétique de la collecte, du glanage et de la récupération.

155 herman de vries souhaite que l'on orthographie son nom sans utiliser de majuscule.

Cette pratique lui permet de réfléchir aux relations que les êtres humains peuvent tisser avec les éléments de leur milieu. Installé dans la campagne autrichienne, cet artiste passe plusieurs heures par jour à se promener pour ramasser des éléments très modestes : des feuilles, des brindilles ou des morceaux d'écorce. C'est à partir de cette matière première, librement disponible dans le paysage qui l'entoure, qu'il fabrique de grands tableaux sur lesquels il dispose avec minutie le fruit de ses collectes. Ces grands ensembles, à mi-chemin entre l'atlas et l'herbier restituent son expérience et son rapport à l'espace et au temps.

Sur une période s'étalant de 1976 à 2015, herman de vries va également constituer une impressionnante collection de terre provenant des quatre coins du monde. À l'occasion de chacun de ses voyages, il prélève une poignée de la matière brute qu'il trouve dans le sol. Chaque échantillon de calcaire, de roche volcanique, de grès, ou de terre argileuse est placé dans un sachet sur lequel sont inscrites son origine et sa date de prélèvement[156].

156 Plus de 8000 échantillons sont actuellement archivés au musée Gassendi de Digne-les-Bains.

En parallèle, l'artiste utilise ces terres pour réaliser des frottages à la main sur du papier. Ces frottages intitulés *Catalogue de la terre*[157] font l'objet d'un livre qui recense de manière exhaustive l'ensemble de ces échantillons sur papier — échantillons qui peuvent également être exposés comme un nuancier coloré sur un mur.

157 herman de vries, *Catalogue de la terre*, frottages, 1978-2015.

Les frottages réalisés par herman de vries se présentent comme des monochromes texturés qui rappellent à la fois les abstractions colorées de Mark Rothko et les matières feutrées utilisées par Joseph Beuys. Ces frottages donnent accès à une expérience de la couleur qui tranche avec celle que l'on fait généralement lorsque l'on consulte un nuancier. Dans ce contexte, la couleur n'est pas qu'une simple information optique, elle semble également être habitée par une sensorialité haptique. De ce fait, plutôt que de voir ces nuances de couleur comme des réalités unifiées, læ spectateur·ice perçoit l'espace chromatique comme un lieu fait de variations, d'accidents et de rencontres. En un mot, l'espace chromatique devient un lieu de rencontre : un espace relationnel.

REMATÉRIALISER LA COULEUR

Lorsque nous avons suivi notre formation artistique, nous avons étudié différentes théories de la couleur. Nous avons par exemple appris à mélanger les couleurs en utilisant le cercle chromatique, et nous avons appris à composer des rapports colorés harmonieux en nous appuyant sur les théories d'Isaac Newton[158] et de Johannes Itten[159].

En d'autres termes, au cours de notre scolarité la couleur nous a toujours été présentée en fonction de ses qualités optiques. En ce sens, on peut dire que la couleur était considérée comme une abstraction : la matérialité des couleurs ne constituait pas un sujet important à aborder. De ce fait, nous n'avons jamais été véritablement invité·es à questionner le mode de production et l'origine matérielle des crayons de couleur, des tubes de gouache et des godets d'aquarelle que l'on utilise généralement dans les pratiques artistiques.

Quelles conséquences sociales et environnementales implique la fabrication des couleurs que nous utilisons en tant qu'artistes ? Autrement dit, quels enjeux économiques, politiques voire géopolitiques, se cachent derrière les pigments que nous choisissons pour réaliser nos dessins, nos peintures, nos images imprimées[160] ?

L'ATLAS DES COULEURS

À la lumière de la pensée décoloniale, il nous semble qu'il est non seulement possible mais surtout important de proposer une relecture matérialiste de l'histoire de la couleur.

Avant l'invention de la chimie moderne dans les années 1850, les pigments colorés étaient extraits de plantes, de minéraux, d'insectes et de mollusques[161]. Les nuances d'ocres, de rouges et de bruns étaient obtenues à partir de terres argileuses, les noirs à partir de bois brûlés. Les nuances telles que le bleu, le vert ou l'or plus difficiles à obtenir demandaient la transformation ou l'extraction de

158 Isaac Newton, *Traité d'optique sur les réflexions, réfractions, inflexions, et couleurs, de la lumière*, trad. M. Coste, Paris, Humbert, 1720.

159 Johannes Itten, *Art de la couleur*, [1961], Paris, Dessain et Tolra, 2004.

160 Après plusieurs recherches, nous avons trouvé quelques essais autour de l'histoire matérielle de certaines matières colorantes, mais nous n'avons pas trouvé d'ouvrage dédié à une histoire matérielle de la couleur qui prenne en compte la dimension inévitablement géopolitique de son extraction et de sa production. Voir par exemple le livre d'Andrea Feeser, Maureen Daly Goggin et Beth Fowkes Tobin, *The Materiality of Color: The Production, Circulation, and Application of Dyes and Pigments, 1400-1800*, Routledge, 2012.

161 Hervé Fisher, *Les Couleurs de l'Occident. De la Préhistoire au XXIe siècle*, Paris, Gallimard, 2019.

matières végétales (indigo[162]), ou minérales (or, lapis-lazuli). L'obtention de ces nuances nécessitait à la fois des matières, des savoir-faire et de la main-d'œuvre spécifiques que l'on ne trouvait pas nécessairement en Europe.

C'est le désir d'une palette de couleurs riche et variée qui a poussé les européen·nes, à partir du XVIe siècle, à développer un commerce mondial de la couleur. À ses débuts, l'importation de nouvelles matières colorantes notamment d'Amérique latine est perçue comme une réelle menace par les teinturier·es européen·nes. Dans son livre qui restitue l'enquête qu'il a menée autour de la cochenille[163], le chercheur Georges Roque raconte comment les teinturier·es français·es obtiennent au début du XVIe siècle la mise en place d'une taxation importante sur l'importation de la cochenille[164] pour préserver le marché de la garance[165] dans le sud de la France.

Malgré la résistance des teinturier·es français·es, la cochenille se généralise très vite en Europe à cause de ses qualités colorantes et de sa stabilité. Rapidement, cette matière importée principalement du Mexique vers l'Europe supplante tous les autres pigments rouges utilisés en Occident[166]. La cochenille est alors considérée comme une marchandise importée d'une valeur équivalente à celle de l'argent[167].

Au début du XIXe siècle, Michel-Eugène Chevreul, chimiste et directeur des teintures à la Manufacture royale des Gobelins, publie plusieurs mémoires sur les matières colorantes disponibles sur le marché européen. Ces documents ont pour but d'aider les artistes et les artisan·es à fabriquer des palettes chromatiques très riches. Dans ces écrits, Chevreul appelle les artistes et les artisan·es à « manipuler librement l'immense réservoir des couleurs, comme un atlas ». Ce réservoir de couleurs, il le présente sous la forme de cercles chromatiques très complets qui permettent aux artistes du début du mouvement impressionniste de choisir et d'utiliser les couleurs avec une grande liberté.

UNE AUTRE HISTOIRE DE L'ART

Ce que l'histoire de l'art raconte rarement, c'est que la constitution du cercle chromatique utilisé par les impressionnistes présuppose la libre circulation des matériaux à travers le monde. En effet, pour atteindre l'objectif univer-

162 L'indigo est un exemple emblématique de l'origine coloniale de la couleur bleue qui, au XVIIe et au XVIIIe siècle, a nécessité le développement de plantations monoculturelles exploitant des forces de travail en particulier dans les Antilles.

163 Georges Roque, *La Cochenille, de la teinture à la peinture. Une histoire matérielle de la couleur*, Paris, Gallimard, 2021.

164 Petit insecte dont on extrait des pigments rouge carmin par bouillon puis séchage.

165 Plante dont on utilise les racines pour en extraire des pigments rouges. Originaire d'Asie, elle est implantée en Europe au début du XVIe siècle.

166 Georges Roque, *La Cochenille, de la teinture à la peinture*, *op. cit.*, p. 39.

167 La récolte et la production de ce colorant de luxe impliquent bien souvent de nombreuses formes d'exploitation et d'aliénation des populations locales. Voir Danielle Trichaud-Buti, Gilbert Buti, *Rouge cochenille. Histoire d'un insecte qui colora le monde, XVIe-XXIe siècle*, Paris, CNRS éditions, 2021.

saliste du cercle chromatique idéal imaginé par Chevreul, il faut faire venir des pigments des quatre coins du globe. C'est en réalité grâce aux empires coloniaux lointains et par l'accaparement de ressources et de savoir-faire qu'une forme de perfectionnement du cercle chromatique a été rendue possible[168].

168 Hervé Fisher, *Les Couleurs de l'Occident. De la Préhistoire au xxie siècle, op. cit.*

Avec l'arrivée des pigments synthétiques au milieu du XIXe siècle, les impressionnistes se sont emparés d'un nouveau type de couleurs préparées directement sous la forme de tubes prêts à l'emploi. Si ces pigments ne nécessitent plus de monoculture de plantes ou d'extraction de minéraux, ils sont synthétisés à partir de dérivés de la houille au départ, puis de pétrole. Cette révolution technique et esthétique, loin de libérer les peintres de leur dépendance aux ressources des territoires colonisés va au contraire renforcer ce type de logique extractiviste.

À la lumière de ce récit, on peut se demander : dans quelle mesure les peintres impressionnistes avaient-iels conscience du système d'exploitation auquel iels participaient ? Et comment l'orientalisme ou les formes d'esthétique exotique que l'on trouve dans la peinture du XIXe siècle ont-ils contribué à occulter les violences liées à la colonisation ?

Pour synthétiser notre propos, on pourrait dire que les couleurs, souvent considérées pour leur teinte en tant que propriété abstraite, sont en réalité indissociables de leur pigment et de leur origine matérielle. Éviter les opérations d'abstraction pour privilégier les opérations de rematérialisation peut alors permettre de prendre en compte les conséquences sociales et politiques de la fabrication des couleurs.

ENCRE DISCRIMINANTE

La plupart des imprimantes à jet d'encre destinées aux photographes fonctionnent avec huit cartouches d'encre. Les modèles professionnels de la marque Epson utilisent, quant à eux, deux cartouches d'encre supplémentaires. Il s'agit d'un vert clair permettant d'obtenir un meilleur rendu de la végétation et d'un magenta clair permettant de restituer ce qu'Epson appelle : *natural skin tone* (couleur de peau naturelle).

En observant l'usage que nous faisions de cette cartouche, nous sommes arrivés à la conclusion que le rose pâle était principalement destiné à l'impression de peaux claires. Autrement dit, d'après nous le pigment utilisé dans cette cartouche si particulière ne participe que très superficiellement à l'amélioration du rendu des peaux foncées.

Cette observation fait écho aux réflexions déployées par l'écrivain Teju Cole dans son article intitulé « A true picture of black skin[169] ». Dans ce texte, il décrit la manière dont les appareils photographiques ont été, dès leur invention, calibrés sur des peaux de couleur claire. Ce réglage technique avait pour conséquence de sous-exposer systématiquement les peaux qui avaient une tonalité plus foncée. Par ailleurs, dans les années 1940, certains films commercialisés par Kodak étaient distribués avec un système de calibration des couleurs qui utilisait la photographie d'une jeune femme blanche comme image de référence. Les cartes Shirley, nommées ainsi d'après le nom du modèle représenté sur l'image, donnaient l'impression qu'une carnation rose pâle et immaculée était la norme en matière de peau. Les autres types de carnation étant alors perçues comme des phénomènes marginaux qui ne nécessitaient pas vraiment d'être correctement photographiés.

169 Teju Cole, « A true picture of black skin », *The New York Times*, 18 février 2015.

↑ Ruha Benjamin, dessin d'après un portrait photographique.

Dans la continuité de cette reflexion, la chercheuse Ruha Benjamin a imaginé la notion de « vulnérabilité scopique[170] », un concept qui décrit une double forme de discrimination à l'égard des personnes racisées. D'un côté elles sont sous-exposées par les dispositifs optiques qui sont calibrés sur des peaux caucasiennes, et de l'autre elles sont sur-exposées par les dispositifs de surveillance qui les identifient plus systématiquement que les personnes blanches comme des individus suspects.

170 Traduction de l'anglais *scopic vulnerability* dans Ruha Benjamin, *Race After Technology: Abolitionist Tools for the New Jim Code*, Cambridge, Polity, 2019, p. 101.

La vulnérabilité scopique décrit ainsi un puissant système iconologique aux effet pernicieux. Ce régime de visibilité referme sur lui-même la représentation que nous avons des corps racisés. Cette organisation optique de la réalité produit ainsi des puissants préjugés qui se traduisent dans la réalité par de nombreuses discriminations.

TOXICITÉ DES COULEURS

L'historien de l'art Jens Hauser, à travers ses travaux autour de la fabrication et l'utilisation de la couleur verte dans la peinture, a construit une histoire de l'art parallèle dans laquelle la représentation de la nature passe parfois par l'usage de matières hautement toxiques pour l'environnement[171].

Ce chercheur nous dit que depuis le Moyen Âge, les pigments verts étaient obtenus à la suite d'un processus de corrosion du cuivre. Ce procédé de fabrication produisait des teintes plutôt instables et les peintres connaissaient sa toxicité. Avec la révolution industrielle, ce pigment est progressivement remplacé dans la palette des peintres par un pigment de synthèse nommé vert CI 21 aussi appelé *vert de Paris*. Ce pigment de synthèse qui servait à l'origine de mort-aux-rats et d'insecticide sera très apprécié des Impressionnistes qui s'en serviront pour dépeindre avec une grande clarté la puissance du monde naturel.

On peut noter une certaine ironie dans cette histoire puisque c'est l'utilisation d'une substance hautement toxique pour le vivant qui a permis à de nombreux·ses peintres du XIXe siècle de revitaliser la peinture de paysage. De ce fait on peut dire que les nymphéas ou les champs de coquelicots peints par Claude Monet sont des images dont la matérialité s'oppose paradoxalement au déploiement de la nature qu'elle représente.

Il est intéressant de noter également que c'est précisément à cause de l'utilisation de ce vert, à cause de l'ignorance de sa matérialité toxique, que de nombreux·ses peintres du XIXe siècle furent victimes de graves problèmes de santé. On attribue à ce pigment de synthèse la cécité de Claude Monet, le diabète de Paul Cézanne, et les troubles neurologiques de Vincent Van Gogh[172]. La connaissance de l'origine matérielle de certaines couleurs aurait-elle pu sauver la vie de certain·es artistes impressionnistes ?

À la même période en Angleterre, William Morris, l'artiste, poète et designer textile à la tête du mouvement *Arts and Crafts* s'insurge contre les nouvelles teintes synthétiques qu'il considère comme « hideuses[173] ». Il encourage, à travers ses textes, les peintres et les artisan·es de son époque à utiliser des plantes tinctoriales et des savoir-faire ancestraux. Ce besoin de préserver les techniques de plantes tinctoriales tient à la pensée pré-écologiste de Morris.

171 Jens Hauser, conférence autour de l'exposition organisée avec l'artiste Aniara Rodado en 2019 sur la couleur verte à Bourges *OUVERT: Phytophilie — Chlorophobie — Savoirs situés*, octobre 2019 -janvier 2020, Emmetrop, Bourges, France.

172 Voir Benjamin Norodom, *L'Arsenic, un poison d'actualité*, thèse de doctorat, Université de Rouen, 2016.

173 William Morris, *The Lesser Arts of Life*, Cambridge University Press, 1882.

Ce penseur revient dans ses écrits à plusieurs reprises sur la dimension polluante des colorants synthétiques qui noircissent les rivières et les paysages[174] :

174 Charlotte Ribeyrol, « William Morris et les couleurs du Moyen Âge », *Romantisme*, n° 157, octobre 2012.

> Ces messieurs, dont beaucoup achètent des tableaux et déclarent se soucier de l'art, brûlent beaucoup de charbon : [...] Comment pouvez-vous vous soucier de l'image d'un paysage quand vous montrez par vos actes que vous ne vous souciez pas du paysage lui-même ? Ou, qu'est-ce qui vous autorise à vous enfermer chez vous avec de belles formes et de belles couleurs alors que cet acte empêche tous les autres de profiter également de la beauté de ces choses[175] ?

175 William Morris, « The Beauty of Life » [1880], in *The Collected Works*, vol. XXII, p. 70-71. « These gentlemen, many of whom buy pictures and profess to care about art, burn a great deal of coal: [...] How can you care about the image of a landscape when you show by your deeds that you don't care for the landscape itself? or what right have you to shut yourself up with beautiful form and colour when you make it impossible for other people to have any share in these things? » Traduction par les auteur·es.

Il est intéressant de noter que c'est la vision hideuse du paysage intoxiqué par les colorants issus de matières fossiles qui pousse Morris à un choix à la fois esthétique et politique de retour vers l'utilisation des matières colorantes végétales. Morris réalise donc une démarche inverse à celle qu'ont généralement emprunté les peintres européens du XIXe siècle. Plutôt que d'utiliser des pigments synthétiques pour glorifier des paysages de nature qui n'ont pas encore été pollués par le monde industriel, Il a recours à des pigments naturels pour dénoncer la force de destruction inédite des industries qui fabriquent les pigments synthétiques.

ÉCONOMIE RESTAURATIVE

Nous avons pratiqué le glanage chromatique sur différents terrains en France. Dans les meilleurs des cas, les matériaux que nous avons glanés étaient des résidus inexploités — comme des morceaux de métal rouillé, des mégots de cigarettes abandonnés ou bien des fruits tombés d'un arbre — et ils jonchaient le sol en attendant que quelqu'un les récupère.

Ce type particulier de glanage nous a permis de réfléchir à la question de la ressource. Dans le cadre de cette réflexion nous avons découvert, dans la pensée écoféministe, la notion d'« économie restaurative[176] ». Cette notion décrit la manière dont on peut mettre en place une économie qui, plutôt que de causer des dégradations environnementales, est en mesure au contraire de réparer les dégâts causés par une forme débridée de capitalisme.

176 Voir Starhawk, *Quel monde voulons-nous ?*, [2002], trad. Isabelle Stengers, Paris, Cambourakis, 2019, p. 164-165.

← Glanage de noix de galle et tests d'encres auto-fabriquées, 2022.

La notion d'économie restaurative est à l'origine proposée par l'écologiste Paul Hawken[177] comme un changement de paradigme pour repenser entièrement nos systèmes de production. La penseuse écoféministe Starhawk propose de s'appuyer sur ce concept pour construire une future « démocratie économique restaurative[178] ». Une société basée sur un tel système politique axerait tous ses efforts non pas vers le progrès technique et scientifique, mais plutôt vers la restauration de conditions d'existence équilibrées pour chacune des formes de vie présente à la surface de la Terre.

177 Paul Hawken, *The Ecology of Commerce: A Declaration of Sustainability*, New York, Harper Collins, collection Harper Business, 2010.

178 Starhawk, *Quel monde voulons-nous ?*, *op. cit.*

C'est à partir de ces réflexions que nous avons imaginé la possibilité de réaliser un glanage chromatique restauratif. À travers cette pratique, nous imaginons qu'il serait possible de fabriquer de la matière colorante, non pas à partir de l'extraction de terres comme ce que l'on peut effectuer pour obtenir des ocres, des bruns ou des blancs, mais plutôt à travers des opérations de dépollution des sols. Dans cette perspective, la qualité chromatique ne serait plus jugée sur l'éclat d'une teinte, mais plutôt sur le potentiel restauratif qu'implique sa production[179].

En définitive, nous pouvons dire que c'est la construction d'une nouvelle forme de machine pour imprimer des images qui nous a conduit·es à réfléchir à la matérialité des encres et des pigments que nous utilisons dans notre travail. C'est donc à travers un geste d'émancipation technologique — la construction d'une machine utopique — que nous avons pu imaginer une nouvelle relation aux pigments. Cette expérience souligne à quel point il peut être crucial de changer le type de machines avec lesquelles nous cohabitons si nous voulons réussir à modifier en profondeur notre rapport au monde.

179 Cette proposition est encore à l'état de réflexion en particulier pour des raisons de recyclage du papier. Il serait en effet contre-productif de dépolluer les sols de matières toxiques pour imprimer des papiers qui lors de leur recyclage pollueraient à nouveau d'autres sols.

FICTION-PANIER

Dans un essai qu'elle consacre à la question de la fiction, la romancière Ursula Le Guin réfléchit à l'origine des récits dans notre civilisation[180]. Selon elle, il faut remonter à la Préhistoire pour comprendre comment ont été inventés certains styles narratifs. Elle nous dit que dans les premières communautés, la vie s'organisait autour de la pratique de la cueillette et du glanage. Les humain·es travaillaient de ma-

180 Ursula K. Le Guin, « La théorie de la fiction-panier », trad. Aurélien Gabriel Cohen, *Terrestres*, 14 octobre 2018.

nière assez douce et iels avaient du temps pour paresser, rêvasser ou tout simplement pour admirer les nuages. Le Guin nous dit que les choses ont changé dès lors que certains membres de ces premières communautés ont commencé à pratiquer la chasse. Après avoir passé une journée à traquer un animal, ce qu'ils ont rapporté de leur aventure ce n'est pas seulement une énorme quantité de protéine, c'est aussi un genre tout à fait nouveau d'histoires à raconter.

↑ Ursula K. Le Guin, dessin à partir d'un portrait photographique de Dana Gluckstein.

Ainsi, Le Guin prétend qu'il y a une distinction fondamentale entre les histoires parcellaires, poétiques et collectives des communautés de cueilleur^{e}uses et celles plus homogènes, factuelles et héroïques des chasseurs de gibier.

Dans le genre de science-fiction qu'elle défend, cette autrice inclassable semble tenter d'écrire une littérature d'anticipation depuis la position des cueilleur^{e}uses et des glaneur^{e}uses. Dans ses romans comme dans ses nouvelles on ne trouve pas de grande description technologique ou de figure héroïque prête à se sacrifier pour sauver une partie de la galaxie. À la place de cela, on trouve des récits qui s'attardent sur des problématiques relationnelles, sur des nouvelles manières de vivre ensemble ou sur des organisations sociétales construites sur des valeurs utopiques.

De même qu'il y a certains styles de fiction qui naissent des pratiques de cueillette, et d'autres des pratiques de chasse, on pourrait imaginer qu'il y a des palettes chromatiques qui naissent de la cueillette et d'autres de l'extraction de pigments. En ramassant sa matière colorante dans une démarche restaurative, on ne développe pas les mêmes attentes esthétiques que lorsque l'on achète, dans un magasin de beaux-arts, un pigment de synthèse produit à l'autre bout du monde.

Nos espaces colorés, à travers leur éclat, leurs nuances, leur richesse, leurs textures et leur longévité reflètent un certain rapport au monde. En reprenant goût pour les couleurs issues du glanage, en appréciant à nouveau leur fragilité et leur caractère éphémère, on peut apprendre à entrer en résonance avec une autre vision du paysage qui nous entoure. On peut retrouver la sensibilité colorée des premières communautés de cueilleur^{e}uses qui savaient sans doute s'émerveiller de la teinte délicate que produisent quelques pétales de rose trémière lorsqu'on les frotte entre ses mains.

opération n°7 : chanter l'émancipation technologique

Pour mieux comprendre la relation paradoxale que nous entretenons avec nos imprimantes, nous avons écrit un chant polyphonique. Ce chant-manifeste a été interprété par des chanteuses et un percussionniste qui utilise une imprimante comme instrument de musique. Cette opération nous a permis d'envisager le monde comme un espace de résonance dans lequel les entités organiques et les appareils numériques arrivent à s'accorder mutuellement.

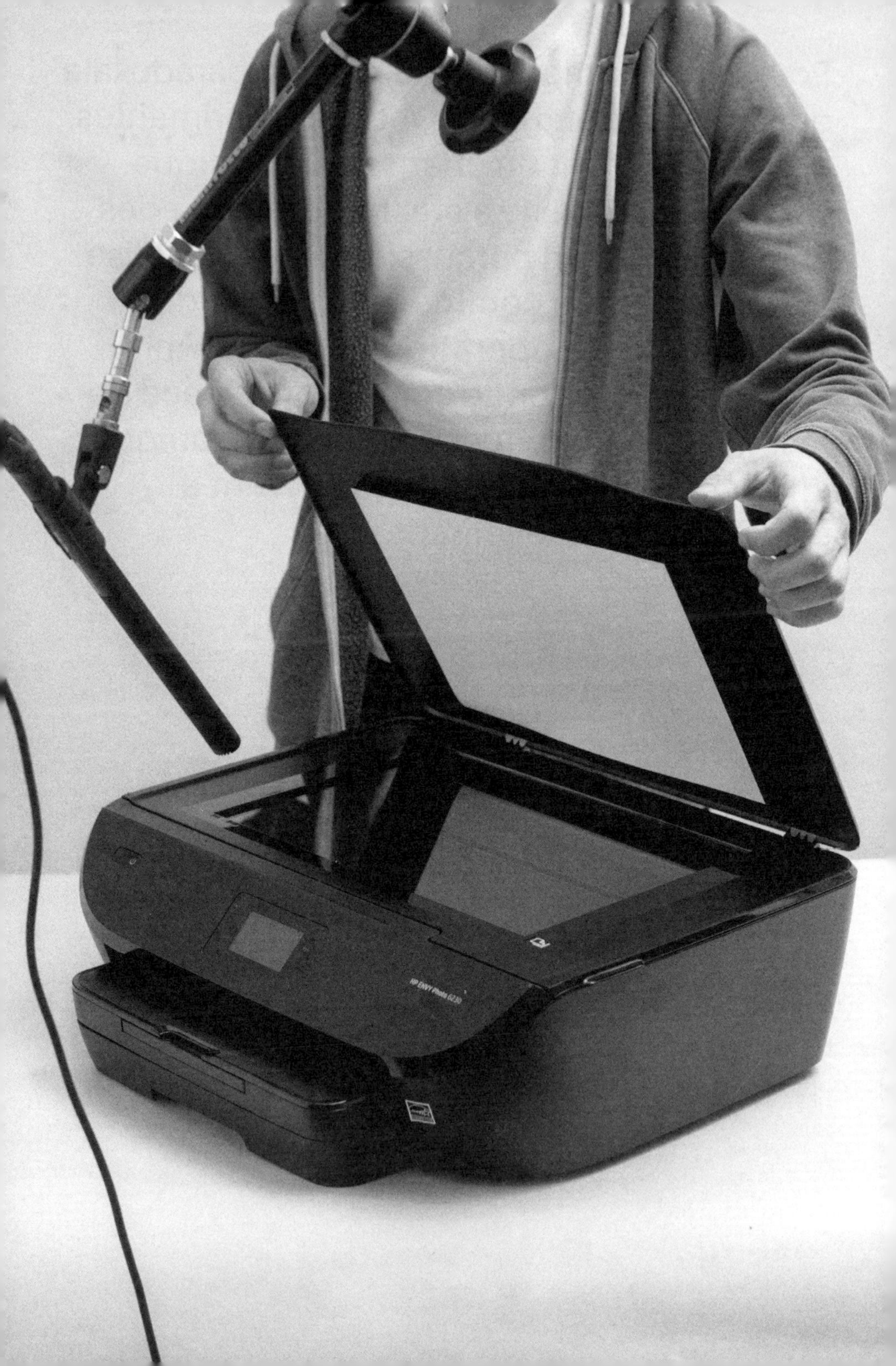

AGENCEMENT POLYPHONIQUE

Dans son livre *Le Champignon de la fin du monde*[181] l'anthropologue Anna Tsing réalise une enquête autour du matsutaké, un champignon qui prolifère sur les friches forestières d'Amérique du Nord. Dans le cadre de cette enquête, elle va rencontrer les multiples acteurices qui participent à la collecte et au commerce de cet étrange champignon. Elle veut comprendre ce qui se passe autour de cet objet organique qui pousse sur « les ruines du capitalisme » et qui se vend à prix d'or sur les marchés de Tokyo. Cette étude lui permet de forger la notion d'« agencement[182] » pour décrire les espaces multispécifiques au milieu desquels surgissent les matsutakés.

181 Anna L. Tsing, *Le Champignon de la fin du monde. Sur la possibilité de vivre dans les ruines du capitalisme*, [2015], trad. Philippe Pignarre, Paris, La Découverte, collection Les Empêcheurs de penser en rond, 2017.

182 *Ibid.*, p. 60.

Pour Tsing, les agencements sont des milieux peuplés d'une grande diversité de formes de vie. Ils apparaissent lorsque plusieurs entités humaines et non humaines se mettent à partager leur existence. Ces agencements sont des enchevêtrements multidimensionnels dans lesquels se tisse un réseau d'interdépendance subtile. Elle nous dit :

↑ Anna L. Tsing, dessin d'après un portrait photographique.

> Les agencements sont des rassemblements toujours ouverts. [...] Ils nous montrent la possibilité de tisser des histoires à partir de ce qui, toujours, est en train de se refaçonner. [...] Les agencements ne mettent pas seulement ensemble des modes de vie ; ils en fabriquent. Penser grâce aux agencements nous oblige ainsi à nous demander : comment des rassemblements deviennent-ils parfois des « événements », c'est-à-dire quelque chose de plus grand que la somme des parties[183] ?

183 *Ibid.*, p. 60.

Tsing mobilise l'allégorie de la musique polyphonique pour nous aider à mieux comprendre le fonctionement des agencements multispécifiques. Elle nous dit que, dans une composition polyphonique — qu'il s'agisse d'une fugue de Bach, d'un rondeau occitan ou d'un chant traditionnel corse —, l'importance de chaque voix individuelle s'efface au profit des résonances produites par leur entrelacement. Les voix se croisent et se superposent pour donner naissance à des harmoniques qui excèdent les propriétés de chacune des expressions vocales prises isolément. De manière analogue, dans les milieux de vie qu'étudie Tsing, l'interdépendance et la co-présence donnent lieu à des phéno-

← Expérimentation autour de l'enregistrement sonore d'une imprimante à jet d'encre.

mènes émergents dont la portée et la complexité dépassent la simple somme des éléments en interaction. Elle écrit :

> Une polyphonie est constituée de mélodies autonomes qui s'entrelacent. Dans la musique occidentale, le madrigal et la fugue sont des exemples de polyphonie. Ces formes semblent étranges et archaïques pour de nombreux auditeurs modernes, habitués à une musique dont un rythme unifié et une mélodie unique caractérisent la composition. [...] Quand j'ai entendu pour la première fois une polyphonie, ce fut une révélation dans ma manière d'écouter. Je devais faire attention à des mélodies séparées et simultanées et écouter les moments d'harmonie et de dissonance qui se créaient entre elles. Ce type d'attention est précisément ce qui est nécessaire pour apprécier les multiples rythmes temporels et les trajectoires qui courent dans un agencement[184].

↑ Anna L. Tsing, *Le Champignon de la fin du monde.*

En s'appuyant sur les réflexions de Tsing, serait-il possible de développer un mode d'attention polyphonique pour tenter de mieux comprendre ce qui nous lie aux objets technologiques ?

CHANT POLYPHONIQUE

Pour travailler cette question de l'attention polyphonique, nous avons rencontré les membres d'Aàgut. Ce groupe se compose de trois chanteuses, Miriam Le Guen, Caroline Sasal, Angélique Zaini, et d'un percussionniste, Alan Blum. Ensemble, iels réinterprètent, entre autres, des chants polyphoniques occitans en apportant à ce répertoire une sonorité très contemporaine. En discutant avec elleux de leur travail et en écoutant leur musique, nous avons très vite eu envie de collaborer avec ce groupe.

Progressivement, nous avons commencé à élaborer un chant qui décrirait le mode de relation que nous entretenons avec nos imprimantes. Dès l'origine de ce projet, nous avons voulu produire un espace sonore immersif qui fonctionne comme une invitation musicale à transformer les liens qui nous relient aux appareils technologiques.

Pour écrire ce chant, nous sommes parti·es d'un morceau occitan intitulé *Nau gojatas* qui était initialement performé

184 *Ibid.*, p. 60.

par des femmes alors qu'elles travaillaient sur leur métier à tisser. Ce chant populaire est construit à la manière d'un rondeau, une structure musicale qui produit une mélodie à la fois simple et entêtante et provoque instantanément une forme d'état presque hypnotique. À l'écoute de ce morceau, on est très vite emporté par l'entremêlement des voix et par la présence fantomatique des harmoniques qui semblent venir des profondeurs du temps.

En adaptant et en déplaçant ce chant occitan, nous avions envie de nous inscrire dans la longue tradition des chants de travail qui accompagnaient autrefois les personnes dans leur labeur. Dans cette perspective, nous désirions que notre chant puisse à la fois raconter notre relation aux imprimantes et manifester notre sensibilité à l'égard de ces machines. Nous voulions chanter une nouvelle manière de *faire connaissance* avec ce genre d'appareil numérique tout en laissant à ces objets un espace pour qu'ils puissent s'exprimer musicalement.

UN VIOLADOR EN TU CAMINO — LAS TESIS

Dans les pensées féministes comme dans les mouvements d'avant-garde artistique, les activistes et les poètes expriment fréquemment la singularité de leur pensée à travers des manifestes. Dans ce cadre, le manifeste est souvent un texte ayant une fonction performative: c'est une forme discursive qui par sa proclamation même encourage un passage à l'action.

En 2019, le collectif féministe Las Tesis imagine un chant-manifeste pour dénoncer les violences patriarcales: *Un violador en tu camino*[185] (Un violeur sur ton chemin). Rapidement, les vidéos de leur chant font le tour du monde et deviennent virales sur internet. Dans ces performances publiques, plusieurs centaines de militantes reprennent en cœur un chant qui dénonce les violences faites aux femmes devant des institutions incarnant le pouvoir. Ce chant est accompagné d'une chorégraphie à la fois explicite et captivante, ce qui rend ce geste politique incroyablement marquant.

Le fait que les activistes de Las Tesis aient écrit leur manifeste sous la forme d'un chant n'est pas anodin. Cette forme permet au texte d'être performé par un public très large qui dépasse largement la simple sphère universitaire.

185 Las Tesis, *Un violador en tu camino*, performance, 2019.

↑ Dessin d'après une photographie d'une performance de Las Tesis.

Les gestes chorégraphiés sont très accessibles et cette facilité a contribué au succès de ce manifeste chanté et dansé. Grâce à cette viralité, de nombreux groupes de femmes ont eu envie de réactiver à leur échelle cette nouvelle forme de manifestation publique.

Un violador en tu camino nous montre que les idées théoriques peuvent être chantées et dansées. Lorsque c'est le cas, elles se dotent d'une force d'énonciation qui les rend soudainement plus vivantes.

ACOUSTÉMOLOGIE

L'anthropologue Steven Feld a élaboré le concept d'« acoustémologie[186] » pour tenter de décrire les expériences sonores auxquelles il a été confronté au cours de ses séjours en Mélanésie. Lors de ces voyages, il comprend que la manière dont les individues perçoivent et hiérarchisent les sons varie considérablement en fonction du contexte culturel. Selon lui, l'écoute n'est jamais neutre : elle dépend des relations qu'une communauté entretient avec son environnement. L'*acoustémologie*, entendue comme une épistémologie fondée sur l'écoute, met en lumière le caractère fondamentalement relationnel de la perception sonore : la manière dont une communauté écoute le monde reflète la qualité des liens qu'elle entretient avec les êtres vivants, les objets et les milieux qui l'entourent. Ainsi, pour Feld, le style d'attention auditive propre à une culture est révélateur de sa manière d'habiter le monde.

186 Steven Feld, *La Recherche comme composition*, trad. Magali de Ruyter, Les Presses du réel, La petite collection ArTeC, 2023.

↑ Steven Feld, dessin d'après un portrait photographique.

À la lecture des textes de cet anthropologue, on peut se demander pourquoi la notion d'acoustémologie n'a pas été davantage mobilisée dans les recherches qui traitent des questions de technologie. Bien souvent, dans ce champ d'investigation, les objets technologiques sont perçus comme des entités silencieuses. N'y aurait-il pas quelque chose à apprendre du bruit produit par les serveurs sur lesquels sont hébergés nos réseaux sociaux ? N'y aurait-il pas quelque chose à comprendre du son émis par les machines qui perforent le sol de notre planète pour en extraire des énergies fossiles ?

CHANT SPÉCULATIF

Dans l'adaptation que nous avons réalisée de *Nau gojatas*, les trois premiers couplets permettent de rendre compte des émotions contradictoires qui peuvent nous traverser lorsque nous utilisons une imprimante. Ces trois couplets décrivent en quelque sorte les liens que nous tissons avec cette machine à travers sa matérialité, sa fabrication, sa conception, et sa maintenance. C'est une manière pour nous de partager l'ambiance multisensorielle qui a accompagné notre enquête[187].

Quand je touche mon imprimante
Je voudrais assurer sa maintenance
Lutter contre son obsolescence
J'aimerais des encres fabriquées
À partir de nos nombreux déchets
Nous sommes à tout cela relié·es
Nous sommes vulnérabilités !

Le quatrième et dernier couplet ouvre sur une vision utopique du monde dans lequel nous aimerions vivre. La fin du chant nous permet de décrire un monde dans lequel les machines et les êtres vivants ont réussi à fusionner dans une forme de techno-symbiose.

Quand se soulève enfin la Terre
Les cyborgs et les sorcières
Partagent ensemble leurs savoir-faire
La maintenance informatique
S'accomplit comme un rituel éthique
L'avenir est déjà là
Le futur est dans nos bras !

Après avoir travaillé sur ces quatre mouvements, nous nous sommes attelé·es à imaginer le contenu des trois interludes qui entrecoupent chaque couplet. Ces trois interludes, nous avons eu envie qu'ils prennent la forme d'un appel à l'aide. Ainsi, chacune de ces trois parties permet de convoquer successivement trois femmes : Ada Lovelace[188], Octavia Butler[189] et Donna Haraway[190]. Un peu comme des figures tutélaires, ces penseuses sont appelées pour que la force de leurs idées nous aide à dépasser les difficultés

187 La vidéo du chant que nous avons intitulé *Mon HP Deskjet 3755* peut être visionnée sur notre site web à l'aide de ce lien : http://www.raffard-roussel.com/fr/activites-chanter/

188 Ada Lovelace est considérée comme la première codeuse informatique ayant en 1842 programmé la Machine analytique inventée par Charles Babbage environ un siècle avant la création des premiers ordinateurs.

189 Octavia Butler est une autrice de science-fiction connue pour son roman *La Parabole du semeur*. Dans ce livre, elle décrit une vision post-apocalyptique d'un monde en pleine dévastation environnementale et économique. Après s'être enfermé·es dans leurs maisons pour éviter le danger, les habitant·es forment une communauté motivée par l'entraide et la justice sociale.

190 Dans son *Manifeste Cyborg*, Donna Haraway initie une réflexion autour de la possibilité d'une réappropriation des moyens techniques et scientifiques qui façonnent notre expérience du monde. À la fin de cet essai, la phrase « Je préfère être cyborg que déesse » est devenue un mantra pour toute une génération de penseur·ses et d'artistes qui se revendiquent des pensées technoféministes.

MON HP DESKJET 3755

Quand j'regarde mon imprimante
Quand j'regarde mon imprimante

Ce n'est qu'une boite noire
Machine encodée jamais dévoilée

Tout ce que j'vois c'est du plastique gris
Du plastique et des bouts d'métal

~~Tout ce que j'vois c'est du plastique gris~~
~~Du plastique et des bouts d'métal~~

Nos machines sont verrouillées,
Nos machines sont surveillées,

→ APPEL À ADA LOVELACE

Quand j'écoute mon imprimante
Quand j'écoute mon imprimante

Les rouages sont bien huilés
Et les bruits sont atténués

Les usines et leur cadence
Sont au loin dans le silence

~~Les usines et leur cadence~~
~~Sont au loin dans le silence~~

Nos machines viennent d'ailleurs
Nos machines sont des douleurs

APPEL À OCTAVIA BUTLER

Quand je touche mon imprimante
Quand je touche mon imprimante

Je ne peux la réparer
Je sens qu'elle va me lâcher

Tout cela c'est planifié
Une pollution programmée

~~Tout cela c'est planifié~~
~~Une pollution programmée~~

Nos machines sont condamnées
Nos machines vont être jetées

→ APPEL À DONNA HARAWAY

Quand se ravive enfin la Terre
Quand se ravive enfin la Terre

La logique des cartes mères
Célèbre l'équilibre planétaire

La technophère est rayonnante
et la symbiose partout présente

L'avenir est à prédire
Le futur reste à écrire

Quand se lève enfin le soleil
Quand se lève enfin le soleil

Les algorithmes sont imaginés
En accord avec la communauté

Les technologies entre nos mains
Sont devenues des biens communs

~~Les technologies entre nos mains~~
~~Sont devenues des biens communs~~

L'avenir est à chanter
Le futur reste à rêver

Quand se soulève enfin le vent
Quand se soulève enfin le vent

Les cyborgs et les sorcières
Partagent (ensemble) leurs savoir-faire

La maintenance informatique
S'accomplit comme un rituel éthique

~~La maintenance informatique~~
~~S'accomplit comme un rituel éthique~~

L'avenir est déjà là
Le futur est dans nos bras

auxquelles nous faisons face dans le contexte de l'urgence climatique. Chacun de ces trois appels est interprété par l'une des chanteuses d'Aàgut pendant que les autres répètent en arrière-plan le mot *imprimante* qui sonne comme un bug répétitif.

FAIRE CHANTER L'IMPRIMANTE

Lors de certains de leurs concerts, le groupe Aàgut interprète parfois un chant rythmique qui raconte le travail quotidien des boulangères : *La Panadera*. Au cours de ce chant, le rythme est produit directement en frappant sur une table. La main frappe et racle ce support en bois un peu comme pourrait le faire la paume d'une boulangère lorsqu'elle pétrit la pâte à pain. Dans cette performance chorégraphique et musicale, le travail manuel devient soudainement un geste de percussion. Cette pratique musicale très intuitive nous a donné envie d'explorer les potentialités musicales de notre imprimante.

Dès le départ du projet, il était important pour nous de faire entendre le son d'une imprimante à l'intérieur de notre chant polyphonique. En un mot, nous voulions faire chanter une imprimante avec les chanteuses d'Aàgut. Assez rapidement, Alan le percussionniste du groupe a trouvé un moyen de transformer un petit modèle d'imprimante en une boîte à rythmes polyvalente. Il a réussi à tirer de cet objet technologique toute une gamme de cliquetis, de bruits sourds et de raclements stridents comparables aux étranges textures sonores que l'on peut retrouver dans certains morceaux de musique *noise*. Cette gamme de son est devenue la base rythmique de notre chant polyphonique que nous avons intitulé *Mon HP Deskjet 3755* en hommage à l'appareil trouvé dans la rue qui avait bien voulu chanter avec nous.

Dans un article consacré aux problématiques sociologiques et anthroplogiques que soulève l'introduction d'une nouvelle forme de technologie dans un espace socioculturel, la chercheuse Madeleine Akrich introduit la notion de « script d'utilisation[191] ». Selon elle, les objets technologiques s'accompagnent toujours d'une forme implicite de prescription d'usage que les utilisateur·ices sont invité·es à suivre consciencieusement.

191 Madeleine Akrich, « Comment décrire les objets techniques ? », *Techniques et culture*, n° 9, 1987, p. 49-64.

← Texte de travail du chant polyphonique, 2023.

> Par la définition des caractéristiques de son objet, le concepteur avance un certain nombre d'hypothèses sur les éléments qui composent le monde dans lequel l'objet est destiné à s'insérer. Il propose un « script », un « scénario » qui se veut prédétermination des mises en scène que les utilisateurs sont appelés à imaginer à partir du dispositif technique et des prescriptions (notices, contrats, conseils…) qui l'accompagnent[192].

↑ Madeleine Akrich, dessin d'après un portrait photographique.

192 *Ibid.*, p. 208.

Les scripts d'utilisation sont des partitions qui codifient implicitement les gestes et les attitudes que l'on attend de la propriétaire d'un objet technique pour qu'iel évite toute forme d'improvisation. Ces scripts tendent à produire des utilisateur·ices dociles, dont la marge de manœuvre et l'esprit d'initiative sont fortement entravés. Dans cette perspective, faire *chanter* une imprimante — c'est-à-dire proposer un usage non prévu par le conception de ce genre d'appareil numérique — revient à tracer une ligne de fuite hors du cadre normatif imposé par ces scripts.

Dans le prolongement de cette réflexion, la chercheuse féministe et militante queer Sara Ahmed rappelle que l'usage précède souvent la forme[193]. Pour elle, les chemins ne sont pas donnés d'avance : ils se dessinent au fil des passages répétés des personnes qui parcourent l'espace du paysage. Autrement dit, c'est l'usage qui façonne les formes, et non l'inverse. En inventant de nouveaux usages, en s'écartant des fonctions prescrites, en imaginant ce qu'Ahmed appelle des « queer uses[194] », il devient possible d'ouvrir des potentialités insoupçonnées et d'esquisser les contours d'un futur qui pourrait s'écarter des diverses catastrophes annoncées.

193 Sara Ahmed, *Vandalisme queer*, trad. Emma Bigé et Mabeuko Oberty, Marseille, Burn~Août, 2024.

194 *Ibid.*, p. 32-78.

ÉCOUTE PROFONDE

L'artiste et chercheuse Pauline Oliveros a révolutionné la manière de concevoir la musique contemporaine. À travers son travail, elle a montré que la création musicale ne devait pas uniquement être considérée comme une production sonore, mais qu'elle devait être également envisagée comme une réflexion sur les conditions d'écoute. Autrement dit, les musicien·nes sont invité·es à construire des environnements d'écoute qui élargissent l'espace acoustémologique des spectateur·ices qui assistent à leur performance.

↑ Pauline Oliveros, dessin d'après un portrait photographique.

C'est dans ce contexte qu'Oliveros a forgé le concept de « *deep listening* ». Elle mobilise cette notion pour décrire les expériences auditives immersives au cours desquelles l'audience est plongée dans des nappes de sons texturés qui lui permettent d'expérimenter un autre rapport acoustique que celui qu'offre une ligne mélodique classique. La temporalité musicale se dilate et la perception sonore devient alors une expérience presque spatiale.

Pour comprendre ce type particulier de rapport à l'espace sonore, Pauline Oliveros décrit les sons qui la traversent alors qu'elle est assise à sa table de travail, dans un texte à mi-chemin entre l'article scientifique, l'auto-ethnographie et la poésie sonore:

> Le bulldozer redémarre, déplace l'air, comme un escalier sonore, tortueux — pour atteindre sa pleine puissance. Appuyé sur ma table en bois, mon bras reçoit les vibrations sympathiques de ces basses fréquences, mais l'écoute semble se faire dans mon estomac. Un jet passe au-dessus de moi. Une fraction du son qu'il produit sillonne l'os de ma mâchoire et ressort par ma nuque, charriant la terre avec lui[195].

195 Pauline Oliveros, « Quelques observations sur le son », *Critique*, n° 927-928, 2024, p. 61-69.

On le comprend aisément ici, pour cette chercheuse et musicienne féministe, développer de nouveaux modes d'écoute constitue une manière d'entrer en relation profonde avec la matérialité du monde. Ce mode d'attention élargi à l'environnement n'est pas qu'une simple expérience poétique, c'est aussi un vecteur de transformation politique.

Selon Oliveros, l'écoute profonde permet de dépasser un certain nombre de dualismes qui ont longtemps structuré la pensée musicale occidentale. Les distinctions entre rythme et tonalité, entre sons musicaux et bruits environnants, entre auditeur·ices et interprètes, tendent à s'effacer au profit d'une expérience fluide et collective de l'espace sonore. Ce dépassement des oppositions musicales nous incite alors, par un effet de glissement, à remettre en question d'autres dualismes fondamentaux qui organisent notre manière d'habiter le monde. En écoutant la musique d'Oliveros, on sent que les distinctions qui séparent les notions de nature et de culture, de sujet et d'objet, de corps et d'esprit, de masculin et de féminin perdent subitement de leur importance.

↓ Double page suivante : captures d'écran de la vidéo du chant-manifeste *Mon HP Deskjet 3755*.

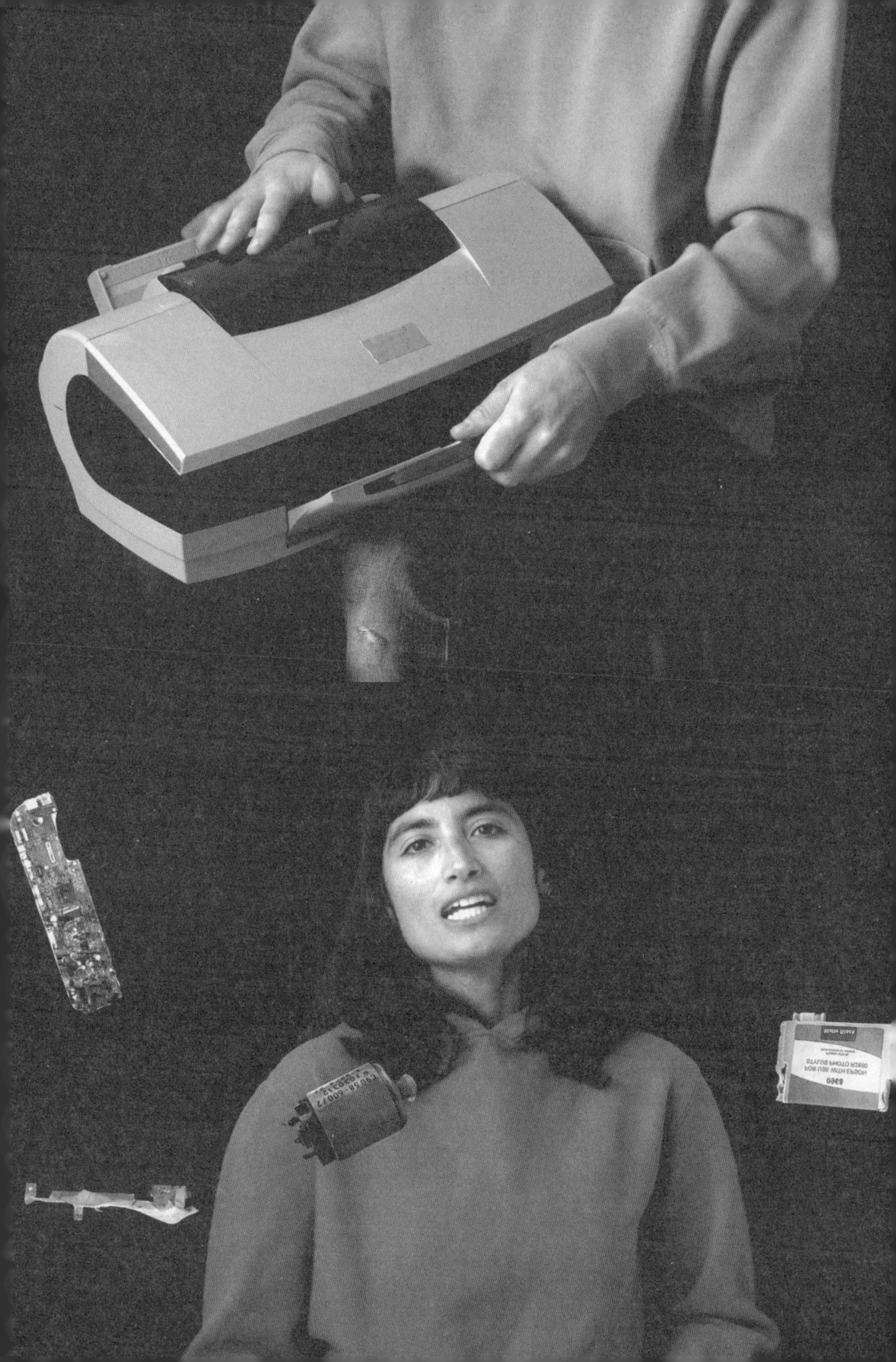

Dans cette perspective, l'écoute profonde peut être envisagée comme une pratique sensible et spéculative qui anticipe l'émergence d'un monde post-binaire. Un monde où les catégories traditionnellement perçues comme fixes sont repensées comme des réalités fluides, poreuses et en constante reconfiguration.

SOFT NAILS ~ [ASMR] KLEINCOMPUTER ROBOTRON KC87

Au cours des dernières années, les vidéos sonores d'ASMR ont connu un succès incroyable sur internet. Il s'agit de séquences minimalistes au cours desquelles l'auditeur·ice est invité·e à écouter des sons très spécifiques amplifiés par un micro : le bruit des doigts qui passent sur la bonnette d'un micro, le chuintement caverneux d'une mastication de chewing-gum ou bien encore le bruissement très subtil d'une main qui caresse une règle en plastique[196]. Ces vidéos ont pour but de procurer à leur auditeur·ice une forme de satisfaction sonore pouvant conduire — chez certains sujets particulièrement sensibles — jusqu'à l'orgasme cérébral[197].

L'artiste Nadja Buttendorf a décidé de reprendre les codes esthétiques de ce phénomène numérique pour rendre hommage à un appareil informatique qui a joué un rôle important dans son enfance : le Robotron KC87. Cet ordinateur a été construit en Allemagne de l'Est à la fin des années 1980 pour concurrencer les modèles étasuniens. Dans une vidéo complètement immersive, Buttendorf passe délicatement ses doigts sur cette machine tout en murmurant l'histoire de cet objet désormais complètement oublié[198].

Dans cette séquence, comme dans beaucoup d'autres ASMR, l'haptique et le sonore s'entrechoquent pour former un même continuum sensoriel : læ spectateur·ice ne sait pas si les sensations qui læ parcourent proviennent des stimulations visuelles ou auditives. Iel est alors plongé·e dans une forme de légère méditation, une « écoute profonde », dans laquelle une constellation de sons délicats et feutrés servent de support pour que vienne se poser la voix chuchotée de Buttendorf. Cette expérience devient presque extatique lorsque les ongles souples de l'artiste enfoncent lentement les touches du clavier ou qu'ils caressent malicieusement la

196 Il existe des vidéos d'ASMR produites à partir de sons d'imprimantes.

197 Voir le livre de Valentina Tanni, *Vibes Lore Core. Esthétique de l'évasion numérique*, trad. Willy Lachaize, Paris, Audimat, 2025, p. 57-64.

198 Nadja Buttendorf, *Soft Nails ~ [ASMR] Kleincomputer Robotron KC87*, HD Vidéo, Stéreo, 13 min. 14 sec., 2018.

surface sphérique d'une petite diode lumineuse, tandis que la voix chuchotée de l'artiste nous énumère les caractéristiques techniques des premiers modèles de Robotron KC87.

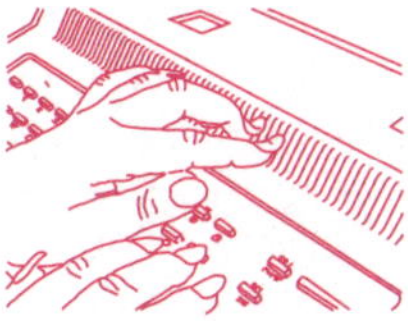

↑ Nadja Buttendorf, dessin à partir d'une capture d'écran de la vidéo *Soft Nails*.

Ce qui rend cette expérience acoustique particulièrement intéressante, c'est qu'elle nous plonge, à l'aide des effets propres à l'ASMR, dans un état d'écoute profonde qui transforme notre rapport au temps. Dans cet état, la linéarité du temps historique — celle que l'on mobilise habituellement pour retracer l'évolution des technologies — tend à s'effacer. Elle laisse place à une temporalité plus élastique, plus maléable, au sein de laquelle l'histoire du Robotron KC87 peut se déployer autrement : non seulement à travers ses caractéristiques techniques, mais aussi dans sa dimension sensorielle et affective.

Dans cette immersion sonore, cette machine obsolète condamnée à hanter l'histoire de l'informatique semble retrouver une forme de présence. Le Robotron KC87 apparaît alors comme une entité spectrale qui charrie avec lui toute sa charge mémorielle et émotionnelle. À travers ce travail sonore presque invocatoire, cette machine trouve un nouvel espace relationnel qui lui permet d'entrer en résonance avec læ spectateur·ice et de continuer, d'une certaine manière, à exister dans son imaginaire.

RÉSONANCE

Le philosophe Hartmut Rosa soutient que la modernité nous a appris à tenir le monde à distance[199]. En effet, cette posture est nécessaire pour nous permettre d'instrumentaliser efficacement la réalité qui nous entoure. Grâce à une multitude de dispositifs techniques, nous sommes aujourd'hui capables d'exploiter les animaux, de maîtriser les ressources énergétiques, ou encore de transformer la matière brute. Ce pouvoir croissant sur notre environnement repose sur une logique de mise à disposition totale du monde : ce que le philosophe Martin Heidegger a appelé l'« arraisonnement » de la Nature dans le cadre de sa réflexion sur la technique[200].

Malheureusement, plus nous accroissons notre contrôle sur la réalité matérielle, plus la qualité de notre expérience du monde s'appauvrit. Selon Rosa, en cherchant à rendre le monde entièrement disponible à nos désirs, nous perdons

199 Hartmut Rosa, *Résonance. Une sociologie de la relation au monde*, trad. Sacha Zilberfarb, Paris, La Découverte, collection SH / Théorie critique, 2018.

200 Martin Heidegger, *Essais et conférences* [1958], trad. André Préau, Paris, Gallimard, collection Tel, 1980, p. 9.

la capacité d'entrer véritablement en relation avec lui. C'est pourquoi il propose de renouer avec une posture de « responsivité », une attitude qui favorise l'émergence d'une relation de résonance avec notre environnement.

> La responsivité ou, justement, la capacité de résonance devient ainsi en quelque sorte l'« essence » non seulement de l'existence humaine, mais de toutes les relations au monde possibles; elle précède irrévocablement la capacité de mettre le monde à distance et de le rendre disponible[201].

201 Hartmut Rosa, *Résonance. Une sociologie de la relation au monde*, *op. cit.*, p. 42.

C'est précisément cette dynamique de résonance que nous avons expérimentée en concevant un chant polyphonique centré sur notre relation aux imprimantes. Dans le cadre de cette expérience, cet objet technologique que nous avons l'habitude de tenir à distance s'est transformé en un partenaire d'expression artistique. Lorsque ce chant polyphonique était performé par Aàgut en utilisant les capacités acoustiques de l'HP Deskjet 3755, il semblait que certaines harmoniques produisaient des vibrations si profondes qu'elles activaient soudainement tout l'espace qui l'entourait. Dans ce contexte, on peut dire qu'un chant polyphonique devient autre chose qu'une simple expérience musicale: il nous traverse, nous relie, il fait de nous des chambres de résonance. Dans cet espace acoustique partagé, chaque élément présent, humain et non humain, peut se révéler plus incarné, plus vibrant : chaque auditeur·ice peut sentir qu'iel appartient à une communauté résonante.

IN MY LANGUAGE — MEL BAGGS

Mel Baggs est un·e activiste qui a beaucoup milité pour que la sensibilité des personnes neuroatypiques soit reconnue à sa juste valeur. Publiée en 2007 sur YouTube, sa vidéo intitulée *In My language*[202] est une forme de manifeste « neuroqueer[203] » pour reprendre ici un terme forgé par la chercheuse Nick Walker. Elle cumule aujourd'hui autour d'un million sept cent mille vues.

Dans la première partie de la vidéo, on voit Baggs se filmer en train d'exécuter une série de gestes répétitifs à travers lesquels iel essaie, vraisemblablement, d'entrer en

202 Mel Baggs, *In My language*, vidéo, 2007, https://www.youtube.com/watch?v=JnylM1hI2jc (consulté le 3 octobre 2023).

203 Nick Walker, « Jetons les outils du maitre : nous libérer du paradigme de la pathologie » [2012], *Zinzin Zine*, 2017.

contact avec le monde qui l'entoure. Dans le début de la vidéo, on læ voit en train de se balancer d'avant en arrière en agitant les mains devant une baie vitrée. Plus tard dans le film, on læ voit aussi en train de frotter un morceau de métal contre un pan de mur pour tenter de comprendre sa rugosité. Enfin, dans une séquence très émouvante, on læ voit en train de frotter son visage à l'intérieur d'un livre comme pour en incorporer son contenu.

↑ Mel Baggs, dessin à partir d'une capture d'écran de la vidéo *In my language*.

On peut reconnaître dans cette étrange chorégraphie une gestuelle qui appartient aux personnes neuroatypiques. Ces gestes répétitifs d'autostimulation, que l'on appelle aussi dans le monde anglo-saxon des gestes de *stimming*, permettent à des personnes, particulièrement sensibles à certains stimuli extérieurs, de stabiliser leurs émotions en renforçant leur perception corporelle.

Dans un article qui propose une nouvelle approche de cette notion de *stimming* à la lumière des questions d'urgence climatique[204], le chercheur Lucas Fritz propose de voir dans cette gestuelle répétitive — au-delà de sa fonction relaxante — une tentative d'entrer en contact avec un monde qui est en train de s'effondrer.

204 Lucas Fritz, « Stimming : saisir l'effondrement », *Mediapart*, 9 mars 2022, https://blogs.mediapart.fr/lucas-fritz/blog/090322/stimming-saisir-leffondrement-0 (consulté le 5 avril 2023).

> Regarder ce qui en soi ou autour de soi *stim*, s'effondre, se reprend ; regarder cette main qui ne peut s'empêcher de toucher un écran, de serrer un corps, de tenir, et de se tenir comme si la stabilité du monde en dépendait. Sentir le monde s'effondrer lorsqu'on ne sait pas quoi faire de ses mains, c'est tracer la première ligne de l'immense fractale du démantèlement[205].

↑ Lucas Fritz, dessin d'après un portrait photographique de Tony Trichanh.

205 *Ibid.*

Par un effet de miroir inversé, la vidéo-manifeste de Baggs questionne également le rapport au monde de la grande majorité des neurotypiques. Elles nous incite à nous demander : pourquoi nous ne dansons pas avec nos claviers d'ordinateur ? Pourquoi nous ne calinons pas plus souvent nos grille-pains ? Pourquoi ne chantons-nous pas avec nos imprimantes ? Qu'est-ce qui nous empêche de développer ce type de rapport au monde, est-ce la peur d'être ridicule, le manque d'inventivité ou tout simplement l'absence d'empathie envers une partie des choses qui nous entourent ?

À la lumière du travail de Pauline Oliveros et d'Harmut Rosa, on peut dire que Mel Baggs, à travers ses gestes répétitifs, tente d'entrer en vibration avec ce qui l'entoure. Iel tente de faire sonner les objets pour entrer en résonance avec le monde. Lucas Fritz nous dit que nous pouvons toustes nous mettre à l'école du *stimming*. Nous pouvons considérer les savoirs minorisés déployés par Baggs, non pas comme des bizarreries, mais plutôt comme des ressources précieuses. Comme cett^e activiste, nous aussi, nous pouvons essayer d'entrer en vibration avec les objets qui nous sont familiers.

SPÉCULATION VIBRATOIRE

Dans les « Histoires de Camille » à la fin de son livre *Vivre avec le trouble*[206], Donna Haraway élabore une fabulation spéculative qui tente d'imaginer de nouvelles relations intra-spécifiques. Elle imagine ce que seraient des « Communautés du Compost » qui tenteraient de vivre dans un monde en ruines.

Dans ce texte, Haraway nous dit que l'hymne de ces communautés pourrait être un chant écrit par l'écrivaine et militante écoféministe Starhawk. Ce chant pourrait permettre aux individu_es de se relier activement à un imaginaire qui favoriserait la restauration du vivant et la redistribution des richesses : chanter pourrait être une manière de réactiver des modes de vie abandonnés pour réapprendre à guérir notre Terre blessée[207].

Ce passage du livre d'Haraway a fait écho avec ce que nous avons ressenti lors de l'élaboration de notre manifeste chanté. Au cours de cette expérimentation, nous avons pu constater à quel point le chant donnait vie aux visions utopiques : le chant apporte aux fabulations spéculatives une forme de vibration qui les active dans le présent. Chanter est une manière d'attirer le futur vers nous. C'est une manière d'abriter en nous-mêmes la possibilité de guérison de notre planète abîmée.

Dans une perspective féministe, la « fabulation spéculative[208] » est une manière d'imaginer ce que le monde pourrait être si l'épistémologie patriarcale était remise en cause. Haraway nous dit que des fabulations spéculatives doivent être inventées non seulement depuis la perspective des femmes opprimées, des personnes handies, des personnes racisées, mais également depuis celle des non humaines. Autrement dit, les spéculations fabulatives doivent imaginer des mondes possibles depuis les points de vue des

206 Donna Haraway, *Vivre avec le trouble*, trad. Vivien Garcia, Vaulx-en-Velin, Les Éditions des mondes à faire, 2020, p. 289-346.

207 *Ibid.*, p. 344 et Starhawk, *Truth or Dare: Encounters with Power, Authority*, and Mystery, San Francisco, Harper, 1990, p. 30-31.

208 Donna Haraway, *Vivre avec le trouble*, *op. cit.*, p. 9.

communautés qui ne bénéficient pas des privilèges octroyés par le système capitaliste.

Dans la continuité du travail d'Haraway, la chercheuse Maria Puig de la Bellacasa affirme que nous pouvons imaginer des « spéculations haptiques[209] ». Selon elle, ce type de fabulation n'est pas simplement une manière d'inventer un avenir radieux dans lequel tous les êtres vivent en harmonie. Elle nous dit que la spéculation haptique est en réalité « une stratégie de survie[210] » pour se soustraire à l'ordre optique instauré par le techno-patriarcat. L'haptique, en tant que mode minorisé d'accès au monde, autorise à déployer d'autres épistémologies que celles qui mettent en danger notre planète.

209 Maria Puig de la Bellacasa, « Touching technologies, touching visions », *art. cit.*, p. 311.

210 *Ibid.*, p. 311.

En créant un espace polyphonique depuis lequel raconter notre relation aux imprimantes et en ouvrant cet espace à la présence musicale de cet objet, nous détournons les imprimantes de leur destin optique. Ce dernier geste artistique de notre enquête, cette dernière opération de recherche pour tenter de faire connaissance avec les imprimantes nous apparaît désormais comme une forme de *spéculation vibratoire*.

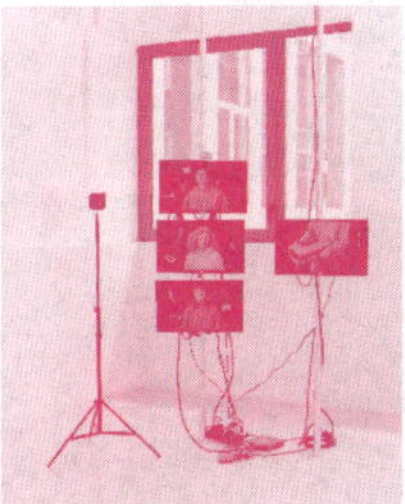

↑ Vue de la vidéo-installation *Mon HP Deskjet 3755* dans l'exposition *Exceed your vision,* Galerie D, Fondation Fiminco, 2023.

Dans ce contexte, nous appelons *spéculation vibratoire* les tentatives de faire émerger des espaces de résonance qui correspondent aux agencements techno-organiques que nous voulons développer dans le futur. Depuis notre chant polyphonique, avec Aàgut et en compagnie de notre HP Deskjet 3755, nous tentons d'envoyer autour de nous des ondes capables de traverser le tissu sonore de notre réalité présente. Nous essayons de créer un ilot vibratoire capable de mettre en lien des récits, des gestes, des imaginaires et des futurs qui échappent aux assourdissants effets de larsen que nous imposent les boucles de rétroaction écocidaires implémentées par les systèmes économiques occidentaux.

PANSEMENT SONORE

Les récifs coralliens sont des écosystèmes d'une richesse exceptionnelle. Ils abritent une biodiversité foisonnante, mais ils sont aujourd'hui gravement menacés par les activités humaines. Lorsque ces récifs sont détruits, il est extrêmement difficile de rétablir les conditions nécessaires au retour des espèces qui les peuplaient.

211 Nadège Aoki, Benjamin Weiss, Youenn Jézéquel, Weifeng Gordon Zhang, Amy Apprill et T. Aran Mooney, « Soundscape enrichment increases larval settlement rates for the brooding coral Porites astreoides », *Royal Society Open Science*, volume 11, n° 3, mars 2024.

212 Anna L. Tsing, *Le Champignon de la fin du monde*, *op. cit.*

213 Voir l'usage de cette notion dans Makis Solomos, *Pour une écologie de la musique et du son. Le vivant, le mental et le social dans la musique, les arts sonores et les artivismes d'aujourd'hui*, Dijon, Les Presses du réel, 2025.

En 2024, une équipe de scientifiques a publié une expérience intéressante[211] : iels ont réussi à favoriser le retour de certaines espèces dans un récif corallien abîmé en diffusant autour de cet écosystème marin des sons qui avaient été enregistrés aux abords d'un récif en bonne santé. Ce pansement sonore a notamment permis d'accélérer de manière significative l'installation de larves de porites, un type de corail qui est très important dans la reconstruction de ces récifs.

Anna Tsing, en explorant les formes de vie qui surgissent dans les ruines du capitalisme[212], nous rappelle que la régénération des espaces endommagés surgit toujours là où l'on ne l'attend pas. La restauration des récifs à l'aide d'enregistrements sonores s'inscrit dans cette logique : ce ne sont pas des solutions technologiques volontaristes qui restaurent l'équilibre dans les écosystèmes, mais bel et bien des gestes subtils et sensibles, capables de réveiller ce qui bruisse encore.

À la suite de cette expérience incroyable, nous faisons l'hypothèse que pour faire face à l'effondrement écologique et social que nous traversons, nous avons besoin, nous aussi, de « pansements sonores[213] » pour retisser des liens vivifiants avec le monde qui nous entoure. Ainsi, cette histoire de récifs restaurés par le son peut nous servir de fable : elle nous invite à imaginer des dispositifs — artistiques, sensoriels et relationnels — qui réveillent notre capacité collective à résonner. Ces chants pourraient nous aider à développer un rapport polyphonique au monde qui nous entoure, ce qui pourrait bien être la condition même de notre survie partagée à la surface de cette planète.

← Répétition du chant *Mon HP Deskjet 3755*, 2023.

conclusion

EXPANDED

Avec le développement de la pensée systémique propre à l'écologie, nous nous sommes progressivement familiarisé·es avec l'idée que les phénomènes qui nous entourent sont profondément interconnectés. Nous avons pris conscience que le moindre battement d'ailes d'un insecte, le moindre prélèvement de terres rares, le moindre téléchargement sur internet modifie en profondeur la configuration du tissu relationnel qui maintient en équilibre le fonctionnement de la biosphère.

En découvrant les effets du CO_2 dans l'atmosphère, le réchauffement des océans, la disparition des pollinisateurs, la prolifération des polluants éternels ou encore l'empreinte énergétique des fermes de serveurs qui hébergent nos logiciels, nous avons été plongé·es, en mode accéléré, dans la pensée de Timothy Morton, de Donna Haraway ou de Karen Barad[214].

Par ailleurs, dans le champ de l'écopsychologie, des penseur·euses comme Theodore Roszak nous rappellent que la catastrophe climatique qui assombrit l'avenir de notre planète doit nous amener à repenser l'image que nous avons de nous-mêmes[215]. Dans ce contexte de crise, nous ne pouvons plus nous concevoir comme des sujets autonomes. Nous devons apprendre à ressentir que nous sommes intimement relié·es à un vaste réseau de co-dépendances. En d'autres termes, nous devons faire l'expérience de ce que l'on pourrait appeler un *soi élargi*[216].

Dans le champ artistique, on qualifie également d'*expanded*, ou d'élargies, les pratiques qui s'émancipent des cadres esthétiques prédéfinis par les traditions académiques. On parle par exemple de théâtre élargi (*expanded theater*) pour décrire les expérimentations menées par des troupes qui se produisent hors des lieux traditionnels de spectacle, faisant éclater les frontières entre acteur·ices et spectateur·ices, fiction et réalité, textes et gestes. On évoque aussi une pratique élargie de l'architecture lorsqu'un artiste mobilise des notions, des attitudes ou des outils issus de l'architecture sans pour autant chercher à construire un bâtiment. Ces formes élargies de pratiques sont généralement liées à une prise de conscience politique et au désir profond d'inventer un nouveau langage pour dire la complexité des phénomènes auxquels nous sommes confronté·es.

214 Timothy Morton, *Hyperobjets. Philosophie et écologie après la fin du monde*, *op. cit.*; Donna Haraway, *Vivre avec le trouble*, *op. cit.*; Karen Barad, *Frankenstein, la grenouille et l'électron. Les sciences et la performativité queer de la nature*, *op. cit.*

215 Theodore Roszak, Mary Gomes, Allen Kanner, *Écopsychologie. Le soin de l'âme et de la Terre*, trad. Morgane Iserte, Marseille, Wildproject, 2023.

216 Cette expérience d'un soi élargi, on la retrouve dans le multiperspectivisme amérindien tel qu'il est décrit chez l'anthropologue Eduardo Kohn. Dans son livre *Comment pensent les forêts*, il dépeint l'environnement amazonien comme une vaste « sémiose » dans laquelle chaque élément peut devenir un soi depuis lequel il serait possible de comprendre le monde selon un point de vue bien spécifique. Eduardo Kohn. *Comment pensent les forêts. Vers une anthropologie au-delà de l'humain* [2013], trad. Grégory Delaplace, Bruxelles, Zones Sensibles, 2017.

Ainsi, on peut penser que l'urgence climatique, en favorisant l'apparition des hyperobjets dans notre quotidien, semble en même temps participer à l'émergence d'un *soi* de plus en plus étendu. Ce double mouvement n'est peut-être pas complètement étranger au fait que certaines artistes et chercheureuses se lancent dans des aventures « extra-disciplinaires[217] » — pour reprendre le terme forgé par le chercheur Brian Holmes — en ouvrant le cadre de leur pratique.

217 Brian Holmes, « L'extra-disciplinaire. Pour une nouvelle critique institutionnelle », *Multitudes*, n° 28, 2007, p. 11-17.

WATCHING THE PAIN OF OTHERS

Le travail de l'artiste et chercheureuse Lého Galibert-Laîné représente selon nous un bon exemple d'une pratique élargie de la vidéo. Dans son film *Watching the Pain of Others*[218], iel mène une enquête sur la maladie de Morgellons, un phénomène cutané inexpliqué qui a alimenté de nombreuses théories du complot. Dans ce *desktop movie*, un film réalisé directement sur le bureau de son ordinateur en faisant des captures d'écran, Galibert-Laîné tente de comprendre de l'intérieur cette étrange maladie. Plutôt que d'essayer de prendre du recul et d'atteindre un point éloigné depuis lequel cartographier le phénomène avec une certaine objectivité, iel se plonge dans les méandres d'internet pour sentir par iel-même le fonctionnement de cet objet viral.

218 Lého Galibert-Laîné, *Watching the Pain of Others*, 31 min., 2019.

↑ Lého Galibert-Laîné, dessin d'après un portrait photographique.

Dans son film, la chercheuse passe son temps à entremêler les modes d'observation et les techniques de réflexion. Un peu comme si face à ce genre d'objet, il était impossible de ne mobiliser qu'une seule méthode de description. On retrouve des morceaux de films récupérés sur internet, des séquences filmées avec le téléphone de l'artiste ou bien encore des enregistrements vidéo réalisés directement dans des logiciels de montage. L'énonciation du film elle-même change constamment de statut. On passe d'une voix off à une voix artificielle générée par ordinateur puis à une prise de parole directe face caméra, le tout sans aucune forme de transition explicite.

Cette méthodologie rappelle les réflexions menées par Theodor Adorno dans un court texte publié en 1958[219]. Dans cet article, il oppose la forme du traité philosophique classique, tel qu'il a été canonisé par René Descartes dans le *Discours de la méthode*[220], à l'essai littéraire tel qu'il est pra-

219 Theodor Adorno, *Notes sur la littérature* [1958], trad. Sibylle Muller, Paris, Flammarion, collection Champs essais, 1984.

220 René Descartes, *Discours de la méthode* [1637], Paris, Vrin, collection Bibliothèque des textes philosophiques, 1984.

tiqué par les poètes, les romancier·es et quelques critiques. Alors que le traité philosophique s'appuie sur des règles formelles et conceptuelles strictes dans le but d'assurer une certaine solidité aux idées, à l'inverse l'essai constitue pour Adorno un espace de pensée potentiellement chaotique dans lequel les concepts entrent en relation pour produire un champ de force inédit. Pour lui, la force de l'essai — dans sa forme intuitive, passionnée, décousue — est qu'il prend acte de la complexité. Il assume de penser à travers la discontinuité sans se fixer aucun objectif à remplir. C'est une pensée de la jointure, du passage, du débordement.

La chercheuse et artiste Gala Hernández López utilise le terme de « poétique de la navigation[221] », pour décrire les modes de pensée qui, à la suite d'Adorno, tentent de construire des essais — plutôt vidéo — dans lesquels la multiplicité des ramifications de la réalité se donne à voir. À propos d'un *desktop movie* intitulé *Sitting in Darkness*[222], elle écrit :

> Nous avons voulu exposer comment cette poétique de la navigation — forme de la multiplication, de la circulation, de la dispersion au sein d'un flot sémiotique — est double dans le film. Incarnant un itinéraire de la pensée et une dérive virtuelle à travers le web, elle permet que ces deux trajectoires — celle de l'utilisateur d'internet et celle de la conscience de l'essayiste — et que ces deux flux continus — celui externe, informationnel, numérique, et celui interne de la pensée — se synchronisent de manière critique, entremêlant fond et forme comme les fils d'une tapisserie[223].

Ces dernières années, cette mécanique de pensée s'est incarnée de manière particulièrement explicite dans le champ de la vidéo-essai, en faisant de ce format un vecteur de prédilection pour permettre à une nouvelle génération d'artistes et de chercheur·euses de dire la complexité du monde à travers une vision élargie de leur médium. À présent, il nous semble qu'il pourrait être intéressant de penser la manière dont ces dispositifs de réflexion et d'expression peuvent se mettre à exister dans d'autres formes de médiums comme le livre, l'exposition ou bien encore la pièce sonore.

221 Gala Hernández López, « Flux numérique, flux de pensée. La poétique de la navigation dans le film-essai numérique *Sitting in Darkness* », dans Irène Langlet et Chloé Conant-Ouaked (éd.), *L'Essai médiatique*, Champs-sur-Marne, LISAA éditeur, collection Savoirs en texte, 2022.

222 Graeme Arnfield, *Sitting in Darkness*, film, 15 min., 2015.

223 Gala Hernández López, « Flux numérique, flux de pensée. La poétique de la navigation dans le film-essai numérique *Sitting in Darkness* », *op. cit.*

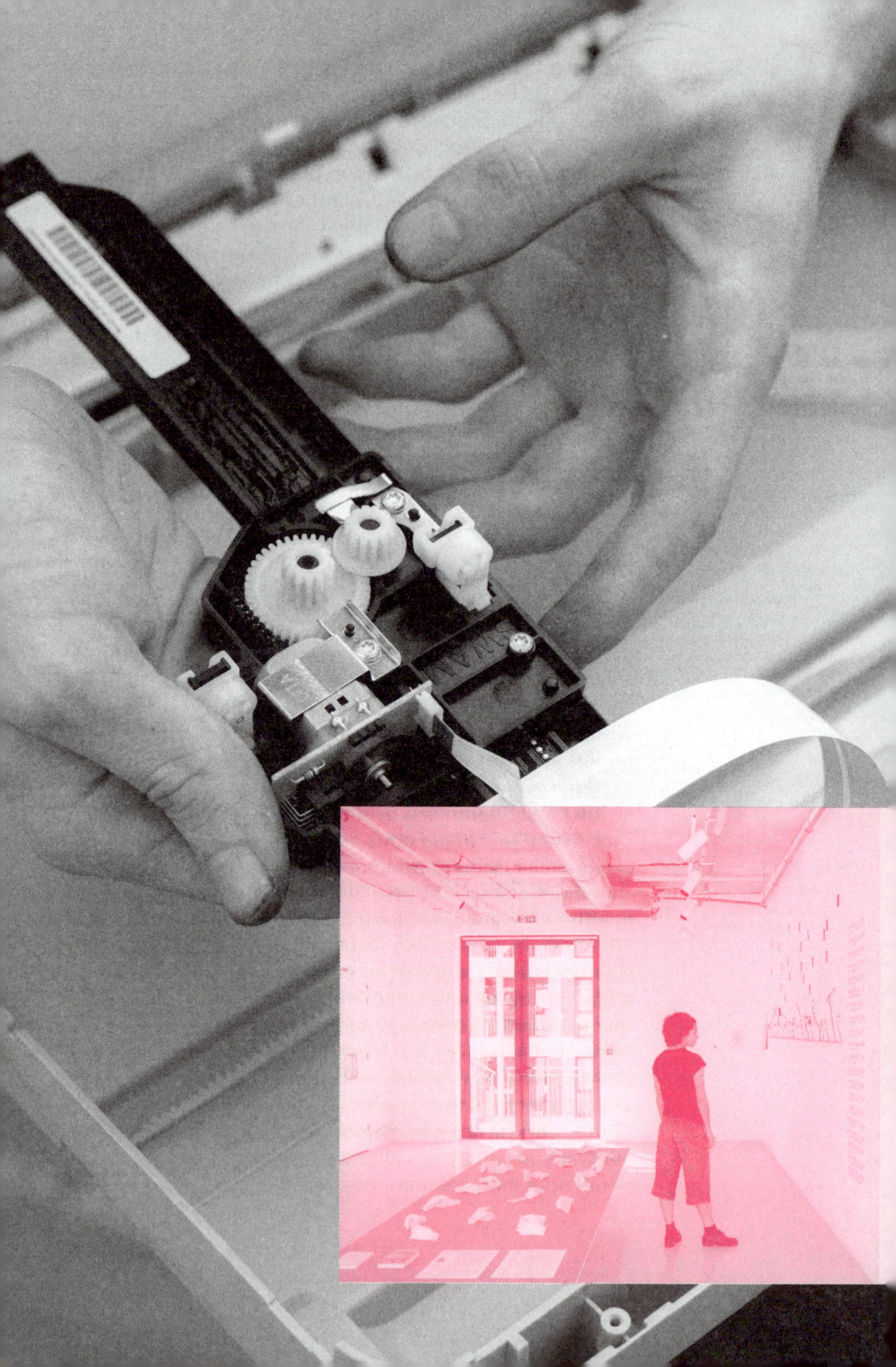

L'EXPOSITION-ESSAI ET LE LIVRE-EXPOSITION

Dans notre travail d'artistes et de chercheur·euses, la question de la restitution des connaissances tient une place centrale. Lors des expositions que nous organisons, nous essayons de faire en sorte que chaque installation présentée constitue un élément d'argumentation pour accompagner læ visiteur·euse dans ses réflexions. Dans ce contexte, nous pensons la scénographie de nos expositions comme un parcours théorique et esthétique qui retrace le cheminement de nos enquêtes. Nous utilisons le terme d'*exposition-essai* pour décrire ce mode de présentation du travail artistique. Ces réflexions résonnent fortement avec celles que nous menons lorsque nous envisageons la conception d'un livre comme celui que vous tenez entre vos mains. Lorsque nous cherchons à rendre public le résultat de notre travail à travers un livre, nous essayons que cet ouvrage soit le plus polyphonique possible.

D'une certaine manière, nous souhaitons que læ lecteur·ice puisse déambuler dans notre livre comme s'iel parcourait un espace d'exposition. Dans ce livre, chaque entrée, chaque photographie, chaque dessin, chaque note doit pouvoir constituer une des facettes du sujet que l'on cherche à étudier. Selon nous, la mise en page, le statut que l'on donne à l'iconographie et l'attention que l'on apporte aux annotations ne doivent pas être pensés comme un effet de surface. Tous ces choix graphiques doivent entrer en résonance avec le propos du livre pour procurer à la lecteur·ice un effet de cohérence labyrinthique.

En somme, ce que nous essayons de faire à travers nos expériences scénographiques ou bien éditoriales, c'est imaginer des espaces de navigation à partir desquels il est possible de *faire connaissance* avec la complexité des objets que nous avons tenté d'étudier. Dans le cadre des livres, cela nous a conduit·es à tenter d'imaginer de nouvelles expériences de lecture qui permettent de créer un accès au savoir diffracté. En faisant cela, nous essayons de créer des livres dont le pouvoir immersif est capable de concurrencer les expériences hypnotiques de *scrolling* que nous faisons le soir avant de nous coucher.

← Démontage d'une imprimante à jet d'encre, et exposition *Exceed your vision*, Galerie D, Fondation Fiminco, 2023.

Au cours de notre recherche, nous avons donc essayé de multiplier les effets de diffraction tout en développant plusieurs opérations de tâtonnement. À cause de ce choix, on reprochera peut-être à notre recherche de rester en périphérie de son sujet. Mais, en réalité ce que nous avons cherché à construire ici, ce n'est pas une accumulation de savoirs sur une question bien précise, ce n'est pas une saturation de données autour d'une zone trouble, mais c'est plutôt la multiplication des points d'approche : une prolifération des zones de contact.

Ce que l'on appelle dans le champ universitaire la recherche-création prend ici selon nous tout son sens. On comprend que ce n'est pas juste une manière d'agrémenter un raisonnement théorique avec des œuvres sensibles ou bien à l'inverse de pimenter une expérience esthétique avec des réflexions théoriques, mais bel et bien de tenter de bâtir un édifice en assemblant çà et là des fragments de recherches, des morceaux de création et des restes de lectures qui nous ont influencé·es au cours d'une expérience de vie singulière.

EXPÉRIENCE ET ENQUÊTE

Au cours de leur évolution, il arrive très souvent que les organismes vivants soient confrontés à une situation qui fait obstacle à leur plein épanouissement. Il peut s'agir de l'apparition d'un nouveau prédateur, de l'appauvrissement d'une ressource ou d'un brusque changement des conditions climatiques. Dans ce contexte, ils doivent reconfigurer les rapports qu'ils entretiennent avec leur environnement pour tenter de retrouver une situation équilibrée. Pour le philosophe John Dewey, c'est aussi ce qui se passe dans notre vie quotidienne[224]. Lorsque nous faisons face à une situation qui trouble le bon déroulement de notre existence, nous devons trouver des ressources pour comprendre et transformer cette situation.

224 Voir Joëlle Zask, « L'enquête et ses obstacles », *Recherche et formation* n° 92, 2019.

C'est en partant de cette observation que Dewey a construit sa réflexion autour de la notion d'enquête. Selon lui, dans une société démocratique qui fonctionne correctement, nous devrions toustes être capables de nous confronter à ce qui fait obstacle à une existence fluide et épanouie. Dans cette perspective, il nous encourage à nous immerger dans l'inconfort des situations qui nous troublent pour trouver à l'intérieur de cette expérience, de cette mise en danger, les ressources théoriques et pratiques dont nous avons besoin pour transformer l'environnement dans lequel nous évoluons. L'expérience doit être considérée comme un moment de vérité et de basculement des certitudes. Elle nous incite à investiguer de nouveau ce que l'on pense, sans doute à tort, comme des questions réglées d'avance.

Dans un article consacré à la question de l'expérience et de l'enquête chez Dewey, la philosophe Joëlle Zask écrit :

> L'enquête est cependant plus qu'une méthode à appliquer ici et là. C'est aussi une manière de faire et un mode de vie, une attitude, une démarche concrète qui dépend à la fois d'une propension à interroger ses croyances et d'une certaine inclination. Dewey y revient souvent, en particulier quand il affirme que développer la méthode de l'enquête dans toutes les relations sociales et développer des modes de vie démocratiques sont une seule et même chose[225].

225 *Ibid.*, p. 85.

Dewey souligne que lorsque nous renonçons à l'enquête, les situations problématiques ont tendance à se figer et notre relation au monde se rigidifie. Pour éviter que cela se produise, nous devons garder l'habitude d'initier de nombreuses formes d'investigation et ne pas déléguer trop rapidement cette fonction à des groupes d'expert·es. C'est la seule manière de garder un lien vivifiant à l'environnement social et culturel dans lequel nous interagissons.

L'IMPRIMANTE COMME PARTENAIRE

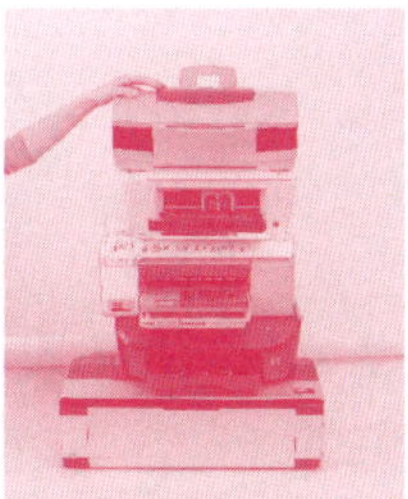

↑ Imprimantes à jet d'encre collectées dans les rues de Paris.

La lecture des textes de Zask à propos du travail de Dewey nous a très souvent accompagné·es dans cette enquête autour des imprimantes. Dans cette perspective, on peut dire que les expériences ludiques qui jalonnent ce livre visent à éprouver la dimension problématique de notre relation à ce type de machine en nous plongeant volontairement dans des situations inédites, voire improbables.

Derrière leur apparente légèreté, ces épreuves ont pour fonction de nous placer dans des états de curiosité radicale — non pour faire de nous des apprenti·es ingénieur·es ou des bricoleur·euses inspiré·es — mais pour nous confronter avec un regard neuf à la manière dont nous interagissons avec ces étranges machines numériques.

Ces expériences haptiques et diffractives nous ont amené·es à considérer les imprimantes comme des partenaires de réflexion. De ce point de vue, nous avons cessé de les envisager comme des éléments inertes et nous avons commencé à les penser comme des entités matérielles avec lesquelles il était possible de dialoguer sans nécessairement maîtriser les langages informatiques.

Dans ce contexte, il nous semble qu'une pratique démocratique de la technologie serait un usage des machines à travers lequel il serait possible à tout moment d'ouvrir un espace d'expérience pour initier une multitude d'investigations. Malheureusement, depuis plusieurs décennies maintenant, avec le verrouillage presque systématique des objets technologiques, nous sommes devenu·es de plus en plus effrayé·es à l'idée de nous lancer dans ce type d'expérimentation.

En renonçant à la possibilité d'enquêter sur les situations technologiques que nous jugeons problématiques, nous risquons fort d'abîmer sur le long terme la relation qui nous lie aux machines. Cette détérioration appauvrira non seulement notre rapport au monde, mais elle nous rendra également plus vulnérables aux dangereux fragments idéologiques qui sont souvent encapsulés dans les appareils que nous utilisons.

L'EXPÉRIENCE TÂTONNÉE

John Dewey faisait une distinction importante entre les modes traditionnels d'instruction dans lesquels on retrouve une transmission verticale du savoir et les modes plus progressistes d'éducation où le savoir de chaque étudiant·e se construit en menant des expériences autonomes.

C'est précisément dans cet esprit d'éducation que, juste après la Seconde Guerre mondiale, le pédagogue Célestin Freinet commence à imaginer de nouvelles méthodes d'enseignement pour aider les enfants à découvrir le monde qui les entoure[226]. Sa démarche invite les enfants à développer une forme de « tâtonnement expérimental[227] » pour leur permettre de comprendre les principaux concepts dont iels ont besoin pour acquérir de nouvelles connaissances. Selon Freinet, c'est à partir de l'expérience directe que le savoir doit se construire. Cette pédagogie revendique un contexte

226 Pierre Gégout, « Le "temps de tâtonnement". Un nouveau paradigme didactique pour de nouvelles normes d'enseignement : le cas de Noël », *Éducation & didactique*, n° 11-2, 2017, p. 153-185.

227 *Ibid.*, p. 156.

d'apprentissage actif pour permettre à l'enfant de coopérer, d'expérimenter, de s'ouvrir au monde. Il écrit :

> Au lieu de partir du parfait, du définitif, imposé comme une nécessité, il faut se livrer loyalement à l'expérience tâtonnée qui inclut l'erreur initiale, corrigée sous l'impulsion permanente de ce besoin de puissance et de vie qui tend vers la perfection et l'harmonie[228].

228 *Ibid.*, p. 157.

Parmi les propositions pédagogiques de Freinet, celle qu'il a nommée « l'imprimerie à l'école[229] » est particulièrement intéressante dans le cadre de notre recherche autour de l'imprimante. Comme évoqué précédemment, il considère les méthodes d'apprentissage scolaire qui consistent à pousser les enfants à absorber les savoirs d'une maîtresse sans les expérimenter comme non adaptées aux besoins de l'enfant. Pour réinventer les méthodes d'enseignement de la lecture et de l'écriture, Freinet équipe sa salle de classe d'une petite presse typographique facilement maniable.

229 Voir Liliane Maury, *Freinet et la pédagogie*, Paris, PUF, 1988.

↑ Enfants imprimant avec une presse Freinet aux environs de 1925.

Après avoir choisi collectivement des textes écrits par certaines élèves de leur classe, les enfants composent par petits groupes les textes avec des lettres en plomb. Chaque caractère prend la forme d'un petit cube brillant que les enfants manipulent avec attention. La lettre devient matérielle et prend une dimension haptique. Il faut ensuite encrer l'ensemble des caractères et imprimer une petite série que les élèves pourront distribuer et envoyer aux enfants des autres écoles qui participent à cette expérimentation et avec lesquels iels instaurent une correspondance. Le texte devient vivant.

La notion d'expérience tâtonnée développée par Freinet fait écho aux recherches de Tim Ingold pour qui l'expérience de l'apprentissage par le touché est primordiale. Selon lui, « expérimenter, c'est tenter certaines choses et observer ce qui arrive[230] ». Dans cette perspective, l'anthropologue encourage l'expérimentation avec la matière pour entrer en relation, ou plutôt en « correspondance[231] » avec le monde qui nous entoure. Selon lui, cette correspondance advient, non pas à travers des analyses de données, mais à travers une multitude de petites actions successives qui nous permettent de toucher du bout des doigts le fonctionnement profond de la matérialité du monde. Ainsi, pour Ingold, tisser un panier en osier, mouler des briques d'argile,

230 Tim Ingold, *Faire. Anthropologie, archéologie, art et architecture*, *op. cit.*, p. 32.

231 *Ibid.*, p. 42.

↓ Double page suivante : démontage d'imprimante, 2022.

PRODUCT OF MALAYSIA

tailler un biface sont autant de processus qui permettent de penser en faisant. En ce sens il s'inscrit dans la continuité de la pensée de Karen Barad qui nous dit :

> Nous n'acquérons pas de connaissance en nous situant hors du monde; nous ne connaissons que parce que « nous » sommes dans le monde. Nous faisons partie du monde et participons à ses différents devenirs[232].

232 Karen Barad, *Meeting the Universe Halfway*, Durham, Duke University Press, 2007, p. 185, dans Tim Ingold, *Faire. Anthropologie, archéologie, art et architecture, op. cit.*, p. 28.

DIFFRACTER LA VIOLENCE

Dans son livre *Triste Tigre*[233], l'écrivaine Neige Sinno mène une enquête située autour de sa propre expérience traumatique des violences sexuelles. À travers ce récit documenté, elle offre à læ lecteurice un cheminement à travers sa propre construction, déconstruction et reconstruction à la suite d'un inceste.

233 Neige Sinno, *Triste Tigre, op. cit.*

Dans ce texte, il nous semble que Sinno diffracte son récit à travers d'autres points de vue que le sien, ce qui lui permet d'avancer dans sa quête de compréhension de l'inceste sans jamais se laisser enfermer dans une posture qui serait soit trop introspective, soit trop moralisatrice. Ici, il ne s'agit pas de trouver une vérité, mais plusieurs vérités : la sienne, celle de son agresseur, celles de celleux qui l'accompagnent et celles de ses lecteurices à qui elle s'adresse sans arrêt. Cette forme kaléidoscopique permet une expérience de lecture multiperspectiviste dans laquelle le matériel littéraire ne cesse d'interférer avec d'autres types de documents : lettres, photos de famille, articles de presse, comptes rendus de tribunal.

↑ Neige Sinno, *Triste Tigre.*

On retrouve le même type d'approche méthodologique dans de nombreux textes récemment publiés sur les questions liées aux violences patriarcales. Il semble bien que se dessine une sorte de cadre à la fois formel et théorique qui permet de s'approcher en tâtonnant de la vérité des systèmes de violence invisibilisés. Chez des auteurices comme Neige Sinno, Adèle Yon[234] ou bien encore Dorothée Dussy[235], dire la violence, c'est tenter de raconter son onde de choc à défaut de pouvoir complètement comprendre et clarifier son origine.

234 Adèle Yon, *Mon vrai nom est Élisabeth*, Paris, Éditions du Sous-sol, 2025.

235 Dorothée Dussy, *Le Berceau des dominations, op. cit.*

DEVENIR-AVEC

Avec Donna Haraway, on pourrait dire que lorsque l'on touche une machine on s'engage avec elle dans une dynamique de « devenir-avec[236] ». Dans cette perspective et avec un peu de recul, il nous semble qu'il est possible de voir notre expérience de recherche comme un lent travail de gestation pour réussir à énoncer quelle forme pourrait prendre un devenir-avec l'imprimante souhaitable. Quel espace de co-évolution, quel type de « sympoïese[237] » voulons-nous co-fabriquer avec ce type de machine ?

D'une certaine manière, cette idée de devenir-avec les imprimantes rejoint la pensée de la biologiste Lynn Margulis. Selon cette chercheuse, les associations entre les différentes formes de vie — ce qu'elle appelle les « biontes » — forment des symbioses qui ensemble constituent des « holobiontes[238] » : des êtres gigantesques où s'entrecroisent des réalités multidimensionnelles.

Dans la continuité de cette réflexion sur le vivant, il est possible de considérer que nous formons avec les insectes, les poissons, les plantes et les mammifères, mais aussi avec notre imprimante, notre smartphone et quelques intelligences artificielles qui végètent çà et là sur de lointains serveurs, une sorte d'holobionte techno-organique. Un holobionte en recherche de la signification de son devenir-avec.

Haraway qui est une lectrice assidue de Margulis souligne que depuis plusieurs siècles nous portons notre attention davantage sur les « êtres » que sur ce qu'elle appelle les « holoêtres[239] ». Ce qu'elle veut dire par là, c'est que lorsque nous regardons ce qui nous entoure, nous cherchons bien souvent à identifier des effets d'unité, de singularité, de cohérence et d'autonomie plutôt que tenter de repérer des configurations relationnelles. En portant notre attention sur les holoêtres techno-organiques, sur leur pouvoir relationnel, nous pourrions continuer à développer une science et une philosophie initiées par des chercheureuses telles que Karen Barad[240], dans lesquelles c'est en quelque sorte la relation qui précède l'individualité et non l'inverse : c'est le mutualisme et la co-évolution qui initie l'individuation des êtres que nous sommes et non l'inverse. Cette forme d'épistémologie de la relation, si elle était véritablement implémentée sur notre Terre, changerait en profondeur notre devenir planétaire.

236 Donna Haraway, *Quand les espèces se rencontrent*, [2008], Paris, La Découverte, collection Les Empêcheurs de penser en rond, 2021, p. 67.

237 Donna Haraway, *Vivre avec le trouble*, *op. cit.*, p. 113.

238 Lynn Margulis, « Biodiversity: Molecular Biological Domains, Symbiosis, and Kingdom Origins », *Biosystems*, vol. 27, n° 1, 1992, p. 39-51, dans Donna Haraway, *Vivre avec le trouble*, *op. cit.*, p. 116.

↑ Lynn Margulis, dessin d'après un portrait photographique.

239 Donna Haraway, *Vivre avec le trouble*, *op. cit.*, p. 116.

240 Karen Barad, *Frankenstein, la grenouille et l'électron. Les sciences et la performativité queer de la nature*, *op. cit.*

bibliographie

Collectif, *A TransHackFeminist (THF!) Convergence Report*, 2014, https://archive.calafou.org/en/content/transhackfeminist-thf-convergence-report.html (consulté le 10 février 2023).

Adorno, Theodor, *Notes sur la littérature* [1958], trad. Sibylle Muller, Paris, Flammarion, collection Champs essais, 1984.

Ahmed, Sara, *Vandalisme queer*, trad. Emma Bigé et Mabeuko Oberty, Marseille, Burn~Août, 2024.

Akrich, Madeleine, « Comment décrire les objets techniques ? », *Techniques et culture*, n° 9, 1987, p. 49-64.

Alizart, Mark, *Informatique céleste*, Paris, PUF, 2017.

Alnwlsn, *Linux on a 70's Typewriter IBM Selectric II Teletype Conversion*, https://www.youtube.com/watch?v=1kXnsvYfaF4 (consulté le 3 juin 2024).

Aoki, Nadège, Weiss, Benjamin, Jézéquel, Youenn, Gordon Zhang, Weifeng, Apprill, Amy et Mooney, T. Aran, « Soundscape enrichment increases larval settlement rates for the brooding coral Porites astreoides », *Royal Society Open Science*, volume 11, n° 3, mars 2024.

Arnfield, Graeme, *Sitting in Darkness*, film, 15 min., 2015.

Baggs, Mel, *In My language*, vidéo, 2007, https://www.youtube.com/watch?v=JnylM1hI2jc (consulté le 3 octobre 2023).

Barad, Karen, *Frankenstein, la grenouille et l'électron. Les sciences et la performativité queer de la nature*, trad. Luigi Balice et Christophe Degoutin, Le Pré-Saint-Gervais, Asinamali, 2023.

Barad, Karen, *Meeting the Universe Halfway*, Durham, Duke University Press, 2007.

Barbanti, Roberto, *Les Sonorités du monde. De l'écologie sonore à l'écosophie sonore*, Paris, Les Presses du réel, 2023.

Bartholeyns, Gil et Charpy, Manuel, L'*Étrange et Folle Aventure du grille-pain, de la machine à coudre et des gens qui s'en servent*, Paris, Premier Parallèle, collection Carnets parallèles, 2021.

Beckett, Samuel, *Le Dépeupleur*, Paris, Les Éditions de Minuit, 1970.

Benjamin, Ruha, *Race After Technology: Abolitionist Tools for the New Jim Code*, Cambridge, Polity, 2019.

Bernard, Francis, « La révolution n'est pas une cryptoparty », *Z: Revue itinérante d'enquête et de critique sociale*, n° 9, 2015, p. 80-88.

Bourdeau, Vincent, François Jarrige, Julien Vincent, « Le passé d'une désillusion : les luddites et la critique de la machine », *Actuel Marx*, n° 39, 2006.

Brand, Stewart, *Whole Earth Catalog*, 1968-1972.

Bridle, James, *New Dark Age: Technology and the End of the Future*, Londres, Verso Books, 2018.

Buttendorf, Nadja, *Soft Nails ~ [ASMR] Kleincomputer Robotron KC87*, HD Vidéo, Stéreo, 13 min. 14 sec., 2018.

Cardon, Dominique, *Le Monde des teintures naturelles*, Paris, Belin, 2014.

Circlude, Camille, *La Typographie post-binaire. Au-delà de l'écriture inclusive*, Paris, B42, 2023.

Citton, Yves, « Politiques de fonds », *La Revue des livres*, n° 13, septembre 2013.

Citton, Yves, *Pour une écologie de l'attention*, Paris, Seuil, collection La couleur des idées, 2014.

Cole, Teju, « A true picture of black skin », *The New York Times*, 18 février 2015.

Crawford, Matthew B., *Éloge du Carburateur. Essai sur le sens et la valeur du travail*, Paris, La Découverte, Poche, 2016.

Culp, Andrew, Dekeyser, Thomas, *Machines in Flames, A secret history of self-destruction*, vidéo, 2022, https://vimeo.com/664798381 (consulté le 5 avril 2024).

Danielewski, Mark Z., *La Maison des feuilles* [2000], trad. Christophe Claro, Sadirac, Monsieur Toussaint Louverture, 2022.

De Decker, Kris, « Pourquoi la révolution des machines à écrire est-elle nécessaire dans les bureaux ? Pouvons-nous entièrement repenser le matériel de bureau en combinant les meilleurs outils mécaniques et numériques ? », trad. Alicia Bonnet, *Low Tech Magazine*, 22 novembre 2016, https://solar.lowtechmagazine.com/fr/2016/11/why-the-office-needs-a-typewriter-revolution (consulté le 3 juin 2024).

Descartes, René, *Discours de la méthode* [1637], Paris, Vrin, collection Bibliothèque des textes philosophiques, 1984.

Despret, Vinciane, *Quand le loup habitera avec l'agneau*, Paris, Seuil, collection Les Empêcheurs de penser en rond, 2002.

Didi-Huberman, Georges, *Écorces*, Paris, Les Éditions de Minuit, 2011.

Didi-Huberman, Georges, *L'Image survivante. Histoire de l'art et temps des fantômes selon Aby Warburg*, Paris, Les Éditions de Minuit, collection Paradoxe, 2002.

Dow Schüll, Natasha, *Addiction by Design: Machine Gambling in Las Vegas*, Princeton, Princeton University Press, 2014.

Drosnin, Michael, *La Bible : le code secret*, [1997], Paris, Robert Laffont, 2011.

Dussy, Dorothée, *Le Berceau des dominations. Anthropologie de l'inceste*, Paris, Pocket, 2021.

Favret-Saada, Jeanne, « Être affecté », *Gradhiva* n° 8, 1990.

Feeser, Andrea, Daly Goggin, Maureen et Fowkes Tobin, Beth, *The Materiality of Color: The Production, Circulation, and Application of Dyes and Pigments*, 1400–1800, Routledge, 2012.

Feld, Steven, *La Recherche comme composition*, trad. Magali de Ruyter, Les Presses du réel, La petite collection ArTeC, 2023.

Fisher, Hervé, *Les Couleurs de l'Occident. De la Préhistoire au* XXI*e* *siècle*, Paris, Gallimard, 2019.

Fisher, Mark, *Par-delà étrange et familier. Le bizarre et l'omineux*, trad. Julien Guazzini, Paris, Sans Soleil, 2024.

Flusser, Vilém, *Pour une philosophie de la photographie* [1983], trad. Jean Mouchard, Paris, Circé, 1996.

Fritz, Lucas, « Stimming : saisir l'effondrement », *Mediapart*, 9 mars 2022, https://blogs.mediapart.fr/lucas-fritz/blog/090322/stimming-saisir-leffondrement-0 (consulté le 5 avril 2023).

Froment, Aurélien, *Fröbel Fröbeled*, Centre d'art contemporain d'Ivry, le Crédac, 2011.

Galibert-Laîné, Lého, *Watching the Pain of Others*, 31 min., 2019.

Gégout, Pierre, « Le "temps de tâtonnement". Un nouveau paradigme didactique pour de nouvelles normes d'enseignement : le cas de Noël », *Éducation & didactique*, n° 11-2, 2017, p. 153-185.

Gell, Alfred, *L'Art et ses agents, une théorie anthropologique*, [1998], trad. Olivier Renaut et Sophie Renaut, Paris, Les Presses du réel, collection Fabula, 2009.

Gilligan, Carol, *Une voix différente. La morale a-t-elle un sexe ?* [1982], trad. Annick Kwiatek et Vanessa Nurock, Paris, Flammarion, collection Champs essais, 2019.

Glendinning, Chellis, *Notes toward a Neo-Luddite Manifesto*, 1990, https://theanarchistlibrary.org/library/chellis-glendinning-notes-toward-a-neo-luddite-manifesto (consulté le 12 mai 2024).

Goldsmith, Kenneth, *L'Écriture sans écriture. Du langage à l'âge numérique* [2011], trad. François Bon, Paris, JBE Books, coll. Uncreative Writings, 2018.

Guien, Jeanne, *Obsolescences : philosophie des techniques et histoire économique à l'épreuve de la réduction de la durée de vie des objets*, thèse de doctorat, Université Paris 1 Panthéon-Sorbonne, 2019.

Hammack, Bill, *The Whiffletree: A mechanical digital-to-analog converter*, vidéo, https://www.youtube.com/watch?v=G_SC7oWL78A (consulté le 3 avril 2024).

Hammond, Barbara, John Lawrence Hammond, *The Skilled Labourer: 1760-1832*, [1919], Wentworth Press, 2019.

Haraway, Donna, « Le témoin modeste », *Manifeste Cyborg et autres essais. Sciences-Fictions-Féminismes*, trad. Delphine Gardey, Paris, Exils, 2007.

Haraway, Donna, « Savoirs situés », *Manifeste cyborg et autres essais. Sciences-Fictions-Féminismes*, trad. Denis Petit et Nathalie Magnan, Paris, Exils, 2007.

Haraway, Donna, *Quand les espèces se rencontrent*, [2008], Paris, La Découverte, collection Les Empêcheurs de penser en rond, 2021.

Harding, Sandra, *The Science Question in Feminism*, Ithaca, Cornell University Press, 1982.

Hauser, Jens, Rodado, Aniara, *OUVERT: Phytophilie — Chlorophobie — Savoirs situés*, conférence, octobre 2019-janvier 2020, Emmetrop, Bourges, France.

Hawken, Paul, *The Ecology of Commerce: A Declaration of Sustainability*, New York, Harper Collins, collection Harper Business, 2010.

Hayles, N. Katherine, *Lire et penser en milieux numériques. Attention, récits, technogenèse* [2012], trad. Christophe Degoutin, Grenoble, UGA éditions, 2016.

Heidegger, Martin, *Essais et conférences* [1958], trad. André Préau, Paris, Gallimard, collection Tel, 1980.

Hernández López, Gala, « Flux numérique, flux de pensée. La poétique de la navigation dans le film-essai numérique *Sitting in Darkness* », dans Irène Langlet et Chloé Conant-Ouaked (éd.), *L'Essai médiatique*, Champs-sur-Marne, LISAA éditeur, collection Savoirs en texte, 2022.

Hogrebe, Wolfram, « Mantique et herméneutique » [2005], *Trivium*, n° 10, 2012.

Holmes, Brian, « L'extra-disciplinaire. Pour une nouvelle critique institutionnelle », *Multitudes*, n° 28, 2007, p. 11-17.

Hübl, Thomas, « Restoring the Future Through Embodied Trauma Integration », podcast *Point of Relation*, épisode 16, 23 mai 2023.

Hwan Ju, Jeon, *Riti Coffee Printer*, 2009.

Ingold, Tim, *Faire. Anthropologie, archéologie, art et architecture*, trad. Hervé Gosselin, Bellevaux, Dehors, 2017.

Itten, Johannes, *Art de la couleur*, [1961], Paris, Dessain et Tolra, 2004.

Illich, Ivan, *La Convivialité*, [1973], Paris, Points, 2014.

Kinsman, Ted, *Coffee Drip Printer*, imprimante, 2014, https://www.rit.edu/spotlights/coffee-drip-printer (consulté le 3 juin 2023).

Kittler, Friedrich, *Gramophone, Film, Typewriter* [1999], trad. Frédérique Vargoz, Paris, Les Presses du réel, 2018.

Klein, Christopher, « That Time America Outlawed Pinball », *History*, 15 novembre 2016, https://www.history.com/news/that-time-america-outlawed-pinball (consulté le 3 juin 2024).

Kloetzli, Sophie, « Le "permacomputing", ou quand la permaculture s'applique à l'informatique », *Usbek & Rica*, 21 octobre 2024, https://usbeketrica.com/fr/article/le-permacomputing-ou-quand-la-permaculture-s-applique-a-l-informatique (consulté le 20 avril 2025).

Kohn, Eduardo, *Comment pensent les forêts. Vers une anthropologie au-delà de l'humain* [2013], trad. Grégory Delaplace, Bruxelles, Zones Sensibles, 2017.

Kolk, Bessel van der, *Le Corps n'oublie rien*, trad. Aline Weill, Paris, Pocket, 2021.

Las Tesis, *Un violador en tu camino*, performance, 2019.

Laub, Dori, Auerhahn, Nanette C., « Savoir et non-savoir dans le trauma psychique massif », trad.Yaelle Sibony-Malpertu, *Le Coq-héron*, n° 220, 9 avril 2015, p. 48-66.

Le Guin, Ursula K., « La théorie de la fiction-panier », trad. Aurélien Gabriel Cohen, *Terrestres*, 14 octobre 2018.

Leroi-Gourhan, André, *Le Geste et la Parole, tome 2. La mémoire et les rythmes*, Paris, Albin Michel, 1965.

Lestel, Dominique, *Machines insurrectionnelles. Une theorie post-biologique du vivant*, Paris, Fayard, 2021.

Lewis Herman, Judith, *Reconstruire après les traumatismes. De la maltraitance domestique aux violences sociales*, trad. Gérard Battarel, Paris, Interéditions, 2023.

Linares, Anaïs, « Gestes et technologies numériques », *Arts & Sociétés*, n° 113, 2020, https://www.sciencespo.fr/artsetsocietes/fr/archives/4434 (consulté le 12 janvier 2024).

Lundi matin, « Machines en flammes. Autour du Comité pour la liquidation ou le détournement des ordinateurs (CLODO) et des sabotages de fibre optique », *Lundi matin*, n° 338, 10 mai 2022, https://lundi.am/Machines-en-flammes (consulté le 2 juin 2024).

Maniaque, Caroline, *L'Aventure du Whole Earth Catalog*, Paris, Les productions du Effa, 2021.

Margulis, Lynn, « Biodiversity: Molecular Biological Domains, Symbiosis, and Kingdom Origins », *Biosystems*, vol.27, n° 1, 1992, p. 39-51

Marquet, Marie, *Guide des teintures naturelles. Plantes à fleurs*, Paris, Belin, 2019.

Marx, Karl, *Le Capital* [1867], trad. Joseph Roy, Folio, collection Essais, 2008.

Masanobu Fukuoka, *La Révolution d'un seul brin de paille* [1975], Paris, Guy Trédaniel, 2005.

Maury, Liliane, *Freinet et la pédagogie*, Paris, PUF, 1988.

McLuhan, Marshall, *La Galaxie Gutenberg. La genèse de l'homme typographique*, [1962], trad. Jean Paré, Paris, CNRS, 2017.

Mignet, Henri, *Le Sport de l'air. Pourquoi et comment j'ai construit le Pou-du-ciel*, Paris, Laffin-Lefort, 1934.

Mohr, Manfred, *Une esthétique programmée*, exposition, Musée d'art moderne de la ville de Paris, 1971.

Morris, William, *The Lesser Arts of Life*, Cambridge University Press, 1882.

Morton, Timothy, *Hyperobjets. Philosophie et écologie après la fin du monde*, [2013], trad. Laurent Bury, Paris, Éditions Cité du design et it:éditions, 2018.

Neimanis, Astrida, « Hydrofeminism: Or, On Becoming a Body of Water », *Undutiful Daughters: New Directions in Feminist Thought and Practice*, ed. Henriette Gunkel, Chrysanthi Nigianni et Fanny Söderbäck, New York, Palgrave Macmillan, 2012.

Nelson, Maggie, *Les Argonautes*, [2015], trad. Jean-Michel Théroux, Paris, Éditions du Sous-sol, 2018.

Newton, Isaac, *Traité d'optique sur les réflexions, réfractions, inflexions, et couleurs, de la lumière*, trad. M. Coste, Paris, Humbert, 1720.

Nicolas-Le Strat, Pascal, *Faire recherche en commun. Chroniques d'une pratique éprouvée*, Rennes, éditions du commun, 2024.

Noble, David F., *Progress Without People: In Defense of Luddism*, Toronto, Between the Lines, 2013.

Norodom, Benjamin, *L'Arsenic, un poison d'actualité*, thèse de doctorat, Université de Rouen, 2016.

Nova, Nicolas, Miyake, Katherine, Kwon, Nancy, Chiu, Walton, *Curious Rituals: Gestural Interaction in the Digital Everyday*, Los Angeles, Near Future Laboratory, 2012.

Oliveros, Pauline, « Quelques observations sur le son », *Critique*, n° 927-928, 2024, p. 61-69.

Parikka, Jussi, *Qu'est-ce que l'archéologie des media ?* [2017], Grenoble, UGA Éditions, 2018.

Preciado, Paul B., *Testo Junkie. Sexe, drogue et biopolitique*, Paris, Grasset, 2008.

Prévieux, Julien, *What shall we do next? (Sequence #2)*, vidéo, 2014.

Puig de la Bellacasa, Maria, « Touching Technologies, Touching Visions. The Reclaiming of Sensorial Experience and the Politics of Speculative Thinking », *Subjectivity*, n° 28, 2009.

Quessada, Dominique, *L'Inséparé. Essai sur un monde sans Autre*, Paris, Presses universitaires de France, 2013.

Reader's Digest, *Fix-It-Yourself Manual. How to repair, clean, and maintain anything and everything in and around your home*, Pleasantville, Reader's Digest, 1977.

Ribeyrol, Charlotte, « William Morris et les couleurs du Moyen Âge », *Romantisme*, n° 157, octobre 2012.

Roque, Georges, *La cochenille, de la teinture à la peinture. Une histoire matérielle de la couleur*, Paris, Gallimard, 2021.

Rosa, Hartmut, *Résonance. Une sociologie de la relation au monde*, trad. Sacha Zilberfarb, Paris, La Découverte, collection SH / Théorie critique, 2018.

Roszak, Theodore, Gomes, Mary, Kanner, Allen, *Écopsychologie. Le soin de l'âme et de la Terre*, trad. Morgane Iserte, Marseille, *Wildproject*, 2023.

Sardi, Laurent, *L'Expérience biosphère : 120 jours dans le désert*, film documentaire, 54 min., 2023.

Sennett, Richard, *Ce que sait la main. La culture de l'artisanat*, trad. Pierre-Emmanuel Dauzat, Paris, Albin Michel, 2010.

Sibony-Malpertu, Yaelle, *Se défaire du traumatisme. Symptômes post-traumatiques et transmissions familiales*, Paris, Desclée De Brouwer, 2020.

Simondon, Gilbert, *Du mode d'existence des objets techniques* [1958], Paris, Aubier, 2010.

Sinno, Neige, *Triste Tigre*, Paris, Éditions P.O.L, 2023.

Solomos, Makis, *Pour une écologie de la musique et du son. Le vivant, le mental et le social dans la musique, les arts sonores et les artivismes d'aujourd'hui*, Dijon, Les Presses du réel, 2025.

Starhawk, *Quel monde voulons-nous ?* [2002], trad. Isabelle Stengers, Paris, Cambourakis, 2019.

Starhawk, *Truth or Dare: Encounters with Power, Authority, and Mystery*, San Francisco, Harper, 1990.

Tanni, Valentina, *Vibes Lore Core. Esthétique de l'évasion numérique*, trad. Willy Lachaize, Paris, Audimat, 2025.

Taussig, Michael, *Palma Africana* [2018], trad. Marc Saint-Upéry, Paris, B42, 2021.

Thwaites, Thomas, *The Toaster Project: Or a Heroic Attempt to Build a Simple Electric Appliance from Scratch*, New York, Princeton Architectural Press, 2011.

Tinguely, Jean et Saint Phalle, Niki de, *Fontaine Stravinsky*, 1983, Centre Georges-Pompidou.

Trichaud-Buti, Danielle, Buti, Gilbert, *Rouge cochenille. Histoire d'un insecte qui colora le monde, XVIe-XXIe siècle*, Paris, CNRS éditions, 2021.

Tsing, Anna L., *Le Champignon de la fin du monde. Sur la possibilité de vivre dans les ruines du capitalisme* [2015], trad. Philippe Pignarre, Paris, La Découverte, collection Les Empêcheurs de penser en rond, 2017.

Ukeles, Mierle Laderman, *Manifesto for maintenance art 1969! Proposal for an exhibition: "CARE"*, Philadelphie, 1969.

Ukeles, Mierle Laderman, *Touch Sanitation*, performance, 1977-1980.

Vander Haeghen, Georges, *760 Mouvements mécaniques*, Saint-Laurent-Le-Minier, Decoopman, 2015.

Veldman, Frans, *Haptonomie. Science de l'affectivité*, Paris, [1989], Presses universitaires de France, 2007.

Vitali-Rosati, Marcello, *Éloge du bug. Être libre à l'époque du numérique*, Paris, Zones, 2024.

vries, herman de, *Catalogue de la terre*, frottages, 1978-2015.

Walker, Nick, « Jetons les outils du maître : nous libérer du paradigme de la pathologie » [2012], *Zinzin Zine*, 2017.

Wilhelm, Richard, *Yi King. Le Livre des transformations*, trad. Étienne Perrot, Paris, Médicis, 1994.

Winnicott, D.W., *Jeu et réalité. L'espace potentiel* [1971], trad. Claude Monod et J.-B. Pontalis, Paris, Gallimard, collection NRF, 1975.

Wittig, Monique, *Les Guérillères*, Paris, Les Éditions de Minuit, 1969.

Wolfram, Stephen, *A New Kind of Science*, Wolfram Media Inc, 2002.

Yon, Adèle, *Mon vrai nom est Élisabeth*, Paris, Éditions du Sous-sol, 2025.

Zask, Joëlle, « L'enquête et ses obstacles », *Recherche et formation* n° 92, 2019.

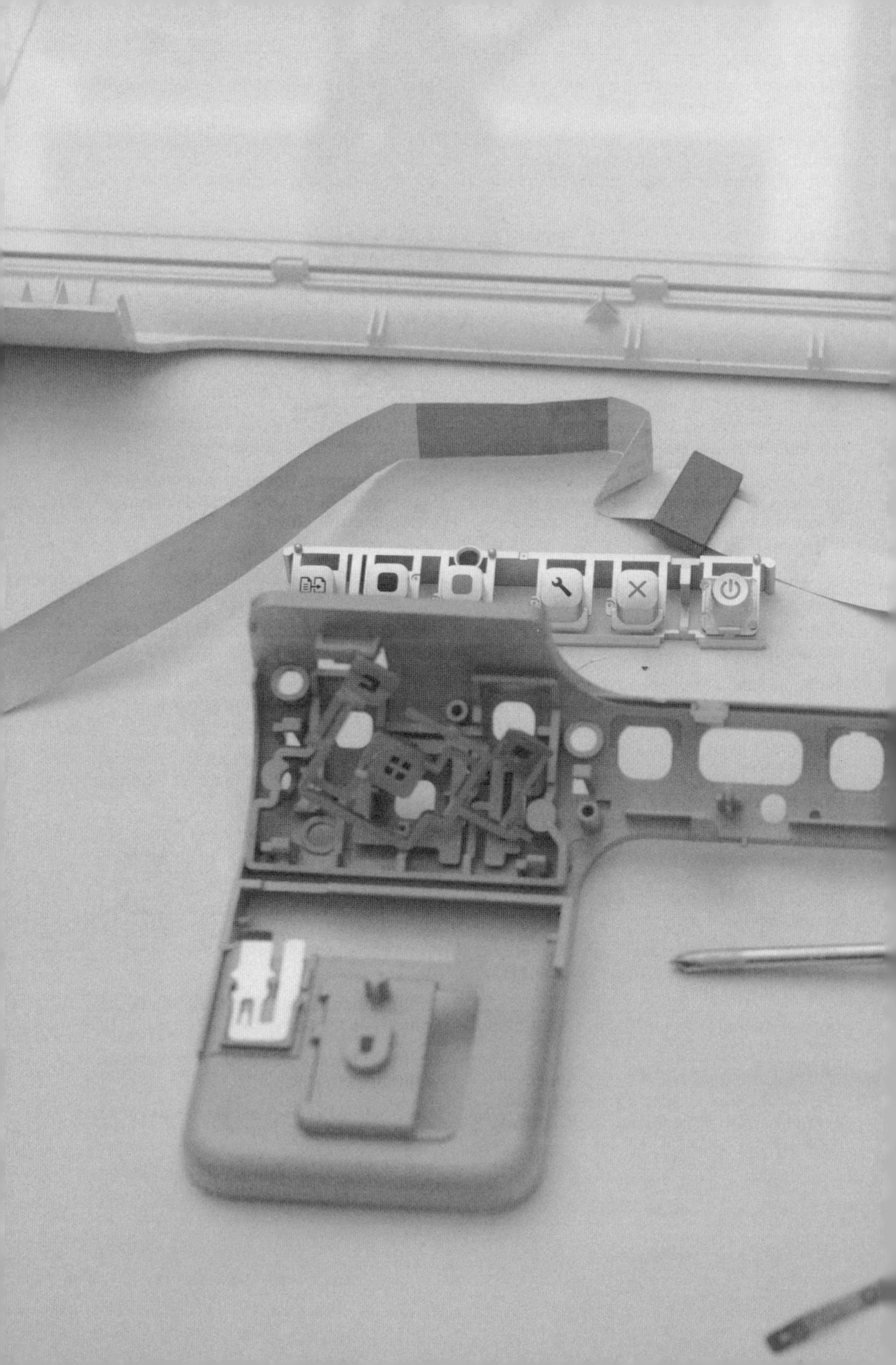

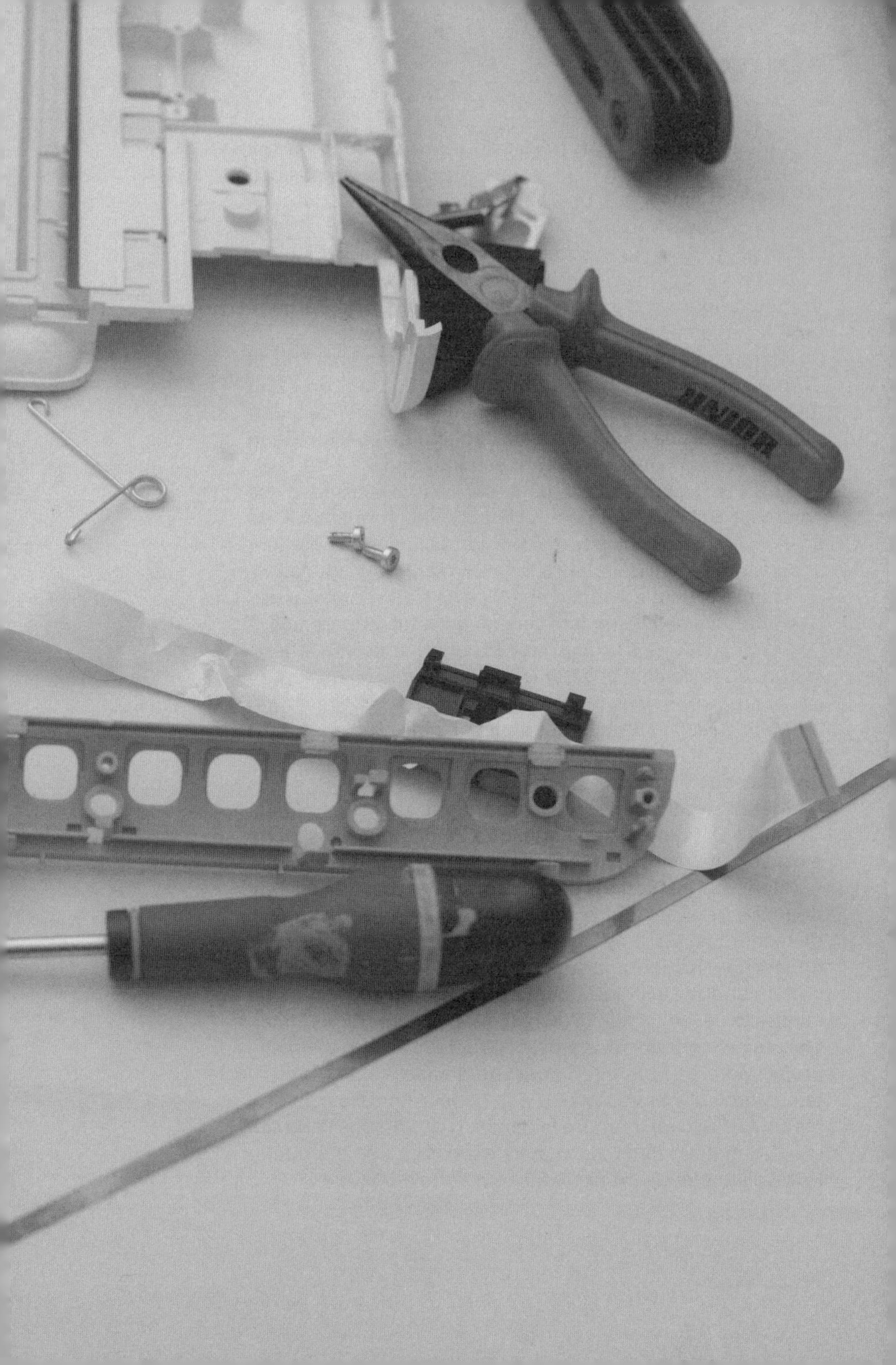

REMERCIEMENTS

Ce livre est issu d'un travail de thèse de doctorat qui n'aurait jamais pu voir le jour sans la présence de nos collègues, nos ami·es, nos proches et les échanges que nous avons eu avec elleux.

Merci à Gwenola Wagon pour sa présence stimulante et ses encouragements enthousiastes qui nous ont guidé·es tout au long de cette recherche. Merci à Roberto Barbanti pour la générosité et la bienveillance de ses conseils.

Merci également à Yves Citton pour son immense travail de transmission au cours de nos études au sein de l'EUR ArTeC et pour son soutien constant au cours des dernières années. La rencontre avec l'éditeur de ce livre, Henri Trubert, n'aurait pas eu lieu sans son intuition.

Merci à Henri Trubert pour son enthousiasme et sa confiance qui nous ont permis de trouver la forme finale de ce livre. Merci à Nicolas Deschamps et Lola Kervel pour leur accompagnement dans les différentes étapes de fabrication.

Merci à Nathalie Delbard et à Nicolas Nova pour leur lecture attentive de la première version de cette recherche.

Merci à Olivier Zuretti pour l'attention apportée à la relecture du texte final et à Daniel Collet pour le soin accordé à la composition du livre.

Merci à Maud Lalouis-Gret pour son aide précieuse dans la production des installations artistiques qui donnent forme à cette enquête.

Merci aux musicien·nes du groupe Aàgut, Alan Blum, Miriam Le Guen, Caroline Sasal, Angélique Zaini, pour avoir prêté leurs voix au chant-manifeste de cette recherche.

Merci aux institutions qui nous ont aidé·es par leur accompagnement et par leur financement à concrétiser ce travail de recherche. Merci au CNAP (Centre national des arts plastiques) pour leur bourse de soutien à une recherche/production artistique ainsi que pour leur bourse de soutien à une exposition avec Octave Cowbell, Metz (Programme Suite). Merci à la Fondation des artistes pour leur bourse d'aide au projet. Merci à l'EUR ArTeC pour leur bourse d'aide à la création. Merci à Octave Cowbell, à la coopérative Octopus, au Media Art Festival d'Arad, à la galerie D de Parsons Paris ainsi qu'à l'atelier Idem Paris d'avoir exposé et aidé à produire le travail que nous avons mené pour cette recherche.

Merci tout particulièrement à notre fils Marcel pour son continuel enthousiasme qui nous a porté·es tout au long de cette étrange aventure. Merci à ses grands-parents, Mijo, Jean-Paul, Isabelle et Wilfrid.

Pour leurs encouragements et leur présence amicale qui nous ont aidé·es à arriver au terme de ce travail de recherche, nous remercions chaleureusement : Nicolas Bailleul, Aline Benchemhoun, Juliette Bessette, Charlotte Bouteille, Marie Brines, Marina Charpentier, Margaux Chataignier, Clara Chatelain, Géraldine Chaux, Fabrizio Defilippi, Licia Demuro, Allan Deneuville, Jean-Martial Dubois, Angélique Excoffier, Alban Faugeroux, Marion Ficher, Émilie Fontaine, Lucas Fritz, Patrice Forest, Franz Galo, Vanessa Gandar, Aya Giraudy, Charlène Gogo, Gala Hernández López, Nadja Le Nail, Coline Hoss-Colnat, Guillemette Lanthiez, Marion Laval-Jeantet, Marie Lechner, Boris Leroy, Alice Lenay, Amanda Lewis, Flora Massol-Davila, Jeanne Mercier, Aman Mojadidi, Nancy Murzilli, Aurore Mréjen, Adrien Péquignot, Gaëlle Grivois-Porte, Shelley Rice, Alexandra Saemmer, Alice de Sagazan, Ileana Selejan, Federica Soletta, Stéphanie Solinas, Gabriele Stera, Jane-Lise Villegas, João Vilhena, Seumboy Vrainom :€, Éléonore Weller, ainsi que nos collègues et étudiant·es de l'EUR ArTeC, de Parsons Paris, de l'Institut ACTE de l'université Paris 1 et du laboratoire AIAC de l'université Paris 8.

Enfin, ce livre doit beaucoup au tissu relationnel d'humain·es et de non-humain·es, de vivant·es et de mort·es, d'êtres organiques et robotiques qui ont permis son existence. Sans cet écosystème avec lequel nous sommes enchevêtré·es, cette recherche n'aurait pas pu avoir lieu.

Correction • Olivier Zuretti

Conception graphique et mise en page
• Raffard Roussel

Crédits des images • Raffard Roussel

Typographies • AmieAmie dessinée par Mirat-Masson de la collective ByeBye Binary et Avenir Next dessinée par Adrian Frutiger et Akira Kobayashi.

Papiers • Munken print white 80g

Imprimé sur les presses de l'imprimerie Sepec en France - 08374251012.

Cette recherche a bénéficié du soutien du laboratoire AIAC, de l'EUR ArTeC, du CNAP, de l'ADAGP et de la Fondation des artistes.

ISBN : 979-10-209-2230-4
Dépôt légal : novembre 2025

PEFC
10-31-1470
Certifié PEFC
Ce produit est issu de forêts gérées durablement, de sources recyclées et contrôlées
www.pefc-france.org

Centre national des arts plastiques

suite

adagp Pour le droit des artistes

la Fondation des Artistes

École Universitaire de Recherche ArTeC

UNIVERSITÉ PARIS 8 VINCENNES-SAINT-DENIS